小麦耐盐突变体研究与盐碱地生态改良

葛荣朝　刘敬泽　沈银柱　主编

科学出版社

北　京

内 容 简 介

本书通过比较小麦耐盐突变体RH8706-49和敏盐突变体H8706-34在盐胁迫下的叶绿体超微结构、超氧化物歧化酶活性、丙二醛含量和细胞质膜透性，探明了其耐盐性存在差异的生理机制；进而分析两种突变体在DNA水平的差异，克隆了小麦糖原合成酶激酶基因*TaGSK1*、小麦丝氨酸/苏氨酸蛋白激酶基因*TaSTK*等耐盐相关基因；通过比较分析二者的蛋白质组，获得谷氨酰胺合成酶前体II（GS2）等与小麦耐盐性密切相关的蛋白质。本书从不同水平、不同角度对耐盐和敏盐两种突变体进行全面分析，揭示了两种小麦材料耐盐性存在差异的内在机制，为盐碱地的生态改良提供了思路。

本书可供植物抗逆机制和作物抗逆育种相关领域的科研工作者阅读参考，也可作为生态学和遗传学研究生的参考书。

图书在版编目 (CIP) 数据

小麦耐盐突变体研究与盐碱地生态改良/葛荣朝，刘敬泽，沈银柱主编.
—北京：科学出版社, 2021.3
ISBN 978-7-03-067707-5

Ⅰ. ①小… Ⅱ.①葛… ②刘… ③沈… Ⅲ. ①小麦–突变型–研究
②盐碱土改良–研究 Ⅳ.①S512.1 ②S156.4

中国版本图书馆CIP数据核字(2020)第262390号

责任编辑：王海光 闫小敏 / 责任校对：郑金红
责任印制：吴兆东 / 封面设计：刘新新

科 学 出 版 社 出版
北京东黄城根北街16号
邮政编码: 100717
http://www.sciencep.com

北京中石油彩色印刷有限责任公司 印刷
科学出版社发行 各地新华书店经销
*
2021年3月第 一 版 开本：B5 (720×1000)
2021年3月第一次印刷 印张：9 1/2 插页：3
字数：192 000

定价：128.00元

(如有印装质量问题，我社负责调换)

《小麦耐盐突变体研究与盐碱地生态改良》
编委会

主　编：葛荣朝　刘敬泽　沈银柱

副主编：陈桂平　秘彩莉　赵宝存

编　委（以姓氏笔画为序）：

王　参　王宏英　王翠亭　刘敬泽　齐志广

李亚青　杨　佳　杨立霞　吴立柱　沈银柱

陈立霞　陈桂平　赵宝存　索广力　秘彩莉

徐　涛　高振贤　葛荣朝　韩　娜　霍晨敏

前　言

农业生态系统是群落组成较为单一、较为脆弱的特殊生态系统。随着我国人口数量的快速增加，越来越多的土地被改造为农田。经历长期的生产开发后，农业生态系统在很多方面都受到了严重破坏，出现土壤侵蚀、土地沙化或土壤盐碱化等现象。我国的盐碱地面积在世界排名第三，达 5 亿亩①以上。小麦是世界主要粮食作物之一，盐胁迫使小麦发生一系列复杂的生理生化反应，造成小麦大幅度减产。对盐碱地进行改良和开发利用的重要途径之一就是运用生物技术培育耐盐作物，扩大作物在盐碱地的种植面积，保护和改善农业生态环境。

诱变育种是一种快速获得优良作物新品系的育种技术。近年来，通过诱变育种已经培育出一大批优质、高产、耐盐碱的新品种。我们在 19 世纪 80 年代末采用小麦花药组织培养、甲基磺酸乙酯（EMS）诱变获得了“一粒传”后代 RH8706-49 和 H8706-34。经耐盐性鉴定，小麦 RH8706-49 为一级耐盐新品系，而 H8706-34 则表现为高度敏盐。随后对这两个小麦近等基因系材料进行了盐胁迫下叶绿体超微结构的比较检测，同时对其超氧化物歧化酶（SOD）活性、丙二醛（MDA）含量和细胞质膜透性进行了比较分析，探明了两个近等基因系材料耐盐性存在差异的内在生理机制。在此基础上，我们对这两个材料进行了深入的分子生物学分析，发现二者在 DNA 水平和蛋白质水平存在差异，特别是经过 cDNA-AFLP 分析后克隆了小麦糖原合成酶激酶基因 *TaGSK1*（AF525086）和小麦丝氨酸/苏氨酸蛋白激酶基因 *TaSTK*（DQ103756、DQ341377）。经过转基因鉴定，这两个基因都能显著增加转基因拟南芥的主根生长量和侧根数量，使受体植物的耐盐性得到明显提高。其中 TaGSK1 是一种跨膜蛋白，且在转基因植株的根尖分生组织、与侧根发生有关的中柱鞘细胞以及根毛细胞内分布较多，说明其与植物耐盐性有着非常密切的关系。实验证实 TaGSK1 蛋白激酶在 Ca^{2+}存在下可与钙调素（CaM）结合，更是扩展了其在植物逆境响应中的作用。通过 *TaGSK1* 基因探针与‘中国春’缺体-四体的 Southern 杂交分析，将其定位在小麦 1A、1B 和 1D 染色体短臂上。此外，通过 PCR-SSCP 与测序技术相结合，发现位于 RH8706-49 的 4D 染色体上的萌发蛋白基因 *gf-2.8* 确有突变发生，可能是其耐盐胁迫的内在机制之一。该基因相关研究在第四届河北省发明创造奖评选活动中荣获“河北

① 1 亩≈666.7m^2

省优秀发明奖”。

在蛋白质水平，我们采用双向电泳方法对 RH8706-49 和 H8706-34 在盐胁迫下的蛋白质组进行了比较分析，发现大量差异表达的蛋白质点，其中谷氨酰胺合成酶前体Ⅱ（GS2）即具明显差异的蛋白质之一。经 Northern 杂交发现，*GS2* 基因在小麦耐盐突变体 RH8706-49 和敏盐突变体 H8706-34 中于盐胁迫前后均有表达，但 RH8706-49 的表达量高于 H8706-34。盐胁迫后二者的表达量均有所下降，不过在敏盐突变体中下降更为明显。由于较多的谷氨酰胺合成酶前体有利于在盐胁迫下及时供应谷氨酰胺合成酶以促进脯氨酸合成，因此耐盐突变体在盐胁迫下能够保持正常的水势，所以，这对于维持 RH8706-49 膜系统的功能十分重要。此外，对蛋白质组分析还发现，H^+-ATP 酶 β 亚基、33 kDa 光合放氧蛋白和 RuBP 羧化酶小亚基等在 RH8706-49 中均有特异表达，对于在盐胁迫下维持叶绿体和整个细胞的功能都起到重要作用。

本书在介绍农田生态系统环境日渐恶化、迫切需要培育抗逆农作物的基础上，全面介绍了本课题组对经化学诱变得到的小麦“一粒传”后代中耐盐性有明显差异的 RH8706-49 和 H8706-34 进行的从诱变、筛选、鉴定到耐盐基因的克隆、功能验证、定位等一系列研究，这些研究取得了多项创新成果，发表的论文被国内外引用达 1100 余次，引起了较大反响。由中国农业科学院董玉琛院士和时任河北农业大学副校长的马峙英教授组成的专家组在对我们承担的国家自然科学基金项目“利用 cDNA-AFLP 技术研究小麦耐盐突变体盐胁迫下特异基因表达”（30070471）进行鉴定时，一致认为“项目总体达到了国际先进水平”。相关研究对通过挖掘小麦耐盐相关功能基因、培育耐盐小麦新品系，进而大面积改良盐碱地农业生态种植结构进行了有益的尝试。

本书第一章由河北师范大学刘敬泽、王参、杨佳、葛荣朝撰写；第二章由河北师范大学赵宝存、上海欧易生物医学科技有限公司王翠亭、河北工业职业技术大学陈立霞、中国科学院苏州纳米技术与纳米仿生研究所索广力撰写；第三章由唐山师范学院陈桂平、东北林业大学徐涛撰写；第四章由河北师范大学沈银柱、秘彩莉、齐志广、葛荣朝、王翠亭、陈桂平，以及河北经贸大学霍晨敏、华北制药集团爱诺公司韩娜、清华大学王宏英、华北制药集团新药研发中心杨立霞、河北农业大学吴立柱、石家庄市农林科学研究院李亚青撰写；第五章由沈银柱、刘敬泽、葛荣朝，以及石家庄市农林科学研究院高振贤撰写。在此，对上述各位编委通力合作、按时完成书稿撰写任务表示感谢。初稿完成后，由刘敬泽、沈银柱、葛荣朝、秘彩莉、赵宝存和陈桂平对全书进行了统一审阅修订。

在本书即将出版之际，诚挚感谢国家自然科学基金委员会、河北省自然科学基金委员会、河北省科学技术厅、河北省教育厅，以及中国农业科学院作物科学研究所张增艳研究员、中国科学院遗传与发育生物学研究所薛勇彪研究员对我们的大力支持，衷心感谢沧州市农林科学院赵松山、陆莉、张宪营、王奉芝和河北师范大学刘植义、黄占景、马闻师给予的帮助。

本书可供相关科研工作者和研究生参考，希望能对相关研究工作有所裨益。不足之处恐难避免，敬请指正。

葛荣朝　刘敬泽　沈银柱

2020 年 9 月 2 日

目　　录

第一章　现代农业生态系统面临的问题及解决对策

第一节　农业生态系统

一、农业生态系统的含义和特性

农业生态系统是指农业生物群落与农业生态环境有机组成的生态整体，其中农业生物包括植物、动物和微生物，农业生态环境则包括有机环境与无机环境两部分。人类在长期的农业生产中，逐渐了解并利用农业生物和生态环境之间的相互关系，对农业生态结构进行科学管理，促进系统中能量流动、物质循环，使其生物量能更好地符合我们人类的需求（蔡晓明，2000）。农业生态系统是人类社会赖以生存的基本生态系统之一，但农业生态系统相对于自然生态系统组成过于单一，加之人类一直以来对农业生态系统的无序利用，导致该系统的生态环境破坏，农业生态系统的稳定性和产出率逐年降低。

农业生态系统作为一种人工生态系统，整体运转表现出特定的规律，一般表现出明显的社会性、高产性和波动性。

农业生态系统具有社会性，是因为该系统与人类的社会经济活动密不可分。农业生态系统源源不断产出大量的农产品并进入社会经济领域，进入人类生活；同时，农业生产所需的大量农用物资（如化肥、农药、农业机械等）又必须经过社会经济领域生产加工并不断投入农业生态系统。因此，农业生态系统与我们人类社会经济领域密不可分，这也决定了农业生态系统具有明显的社会性。农业生态系统不仅仅受自然生态规律制约，更多地还受到社会经济规律的支配影响。

农业生态系统的高产性是在人类不断增长的需求下高速发展形成的。人类为了从农业生态系统取得更多的农产品，不断通过各种科技手段，影响干预农业生态系统，促使其能量物质转化效率不断提升。因而，农业生态系统中的生物种群在农业技术的支撑下，其产量远远高于自然生态状态。例如，自然界绿色植物对阳光的利用率一般为 0.1%左右，而在农田之中，农作物的光能利用率平均可高达 0.4%，密植作物水稻或小麦的光能利用率甚至可达 0.7%～0.8%。因此，人类经营的农业生态系统明显比自然生态系统具有更高的产能。当然，实现农业生态系统高产能的前提是需要不断对其进行额外的物质和能量投入补充。

农业生态系统具有波动性是由于系统内生物群落构成较为单一，整个系统抗冲击能力明显较低，表现出明显的脆弱性。一旦气候环境条件发生剧烈变化，或者管理措施不当或实施不及时，农业生态系统中农作物的生长发育就会受到显著影响，最终造成农产品的产量和品质下降。因此，我们必须针对农业生态系统自我调节能力弱的特点，积极采取各种技术措施，对系统进行辅助性调节、控制，尽量避免系统出现波动（黄国勤，2015）。

二、生态农业

生态农业是人类按照科学的生态学、经济学原理，运用科技手段和科学的管理措施，结合传统农业的经验，建立起的具有较高经济效益、生态效益和社会效益的科学农业系统。生态农业在宏观上协调农业生态系统结构，调整生态–经济–技术关系，促进农业生态经济系统的稳定、有序、协调发展，建立宏观的生态经济动态平衡；在微观上做到物质循环和多层次综合利用，提高能量转换和物质循环效率，建立微观的生态经济动态平衡。

（一）生态农业的内涵

生态农业以生态学、经济学、环境学、系统工程学等为理论基础，重视多学科综合应用，同时兼顾环境保护、整体高效、循环再生、绿色低碳等内涵，以达到最高的综合效益。我国生态农业具有自己独特的内涵，在农业生产中充分利用传统农业的经验，同时注重引入现代的科技成果，全面协调农业生产与环境保护之间、资源利用与生态保护之间的矛盾，实现可持续发展，以及农业生产、生态保护、社会效益之间的有机统一（姚焕霞，2020）。

（二）生态农业的特点

我国幅员辽阔，各种类型的农业生态系统使我们的生态农业具有明显的多样性，结合各地的自然条件、资源基础、经济与社会发展水平，充分借鉴传统农业的经验，利用现代科学技术，采用多种生态模式组织农业生产。

科学的生态农业具有高效性、持续性的特点。生态农业以农业生态系统为依托，充分考虑生态系统和社会系统在特定时间与空间的相互影响，全面规划、调整和优化农业结构，使行业之间实现有机的相互支持、相互补充，从而实现社会经济、农业生产和生态环境保护的良性循环、可持续发展。生态农业的高效性主要体现在物质循环、多层次综合利用和系列化深加工方面，社会经济实现快速增值，农业生产成本显著降低。生态农业的持续性主要体现在在农业生产的同时关注生态环境保护、维护生态平衡、提高农产品安全性，注重农业生态系统的可持续发展，在最大限度地获取农产品的同时，实现农业生态系统的稳定持续发展。

高效、高产、高附加值生态农业能够积极带动就业，提高农业产出。生态农业不仅科学充分地利用了水热耦合原理、土壤氮库增长原理、生物多样性原理、生态位原理、生态系统原理等科技理念，还全面利用了物理防虫和生物防虫相结合技术、有机肥与无机肥合理搭配技术、生物与机械控制杂草技术、生物与化学农药结合控病技术、科学灌溉技术、农产品深加工技术、现代互联网技术和现代物流技术（蒋高明，2019）。现代生态农业是充分融合最新科技的高效、可持续的农业生态系统。

第二节　人类活动对农业生态系统的影响

人类在享受生态系统带来的惠益的同时，通过农业活动、工业活动、城市建设活动、经济活动、水资源开发以及其他活动对地球上生态系统的稳定性产生了很多负面影响，尤其是对结构组成单一的农业生态系统造成了严重的破坏（刘慧敏等，2017）。

一、“人类世”对地球生态系统的影响

“人类世”这个概念最早由诺贝尔化学奖得主、荷兰科学家保罗·克鲁岑于2000年提出，即地球“全新世”后的一个全新时代。快速的人口增长和经济发展对地球环境的重大影响使其进入一个新的地质年代（Crutzen and Stoermer，2000；Lewis and Maslin，2015）。人类自工业革命以来的经济活动对地球气候和环境造成的影响截然不同于以前其自然演化，在地层中留下了明显可见、可测的标志，这也是人类世得以确立的地质学依据（刘学等，2014）。

现时代地球系统的任何组成成分均受到了人类活动的影响，地球的大气、淡水和海洋系统、陆地系统、生物圈，以及将地球连为整体的化学循环都烙上了人类活动的印记。工业革命以来，随着人类社会经济的飞速发展，我们对大自然中资源的获取方式已经演变成过度索取，伴随人类数量的急剧增加，改善我们生活的各种高科技产品的滥用给我们周围的生态环境带来了巨大负担。人类生活区域的物种以几何级数速度灭绝，我们赖以生存的臭氧层遭到严重破坏，温室效应逐年加剧，森林、草原被过度开发为更为单一、脆弱的农田，地球上的生态系统出现了明显的失衡。

（一）温室效应加剧

人类长期使用含碳燃料释放的温室气体使得全球温室效应逐年加剧，对相对脆弱的农业生态系统的冲击尤为明显。近百年来，全球气候正在发生以变暖为主

要特征的显著变化。1880～2012 年，全球地表平均温度升高了 0.85℃（Hartmann et al.，2013；吕晓东，2019；中国气象局气候变化中心，2019；张晓旭，2017；宋利娜等，2013）。而温室效应引起水温升高、水中含氧量下降、水体富营养化加速和水生生物多样性减少，这些对我们的农业生产都会产生明显的影响。另外，温室效应造成全球降水量重新分配，旱涝灾害发生更加频繁，也会影响脆弱的农业生态系统。

（二）土地过度开发利用

改革开放 40 多年来，我国的农田随着经济的发展逐年进行了扩大开发利用，对我国社会的经济发展、粮食安全和生态文明建设起到了重大的保障作用。截至 2017 年底，全国共有农用地 6.45×10^8 hm^2，其中，耕地 1.35×10^8 hm^2（20.23 亿亩），园地 1.42×10^7 hm^2，林地 2.53×10^8 hm^2，牧草地 2.19×10^8 hm^2；建设用地 3.96×10^7 hm^2，其中，居民点及工矿用地 3.21×10^7 hm^2，交通运输用地 3.83×10^6 hm^2，水利设施用地 3.61×10^6 hm^2（图 1-1）（李树枝等，2019；国土资源部，2018）。

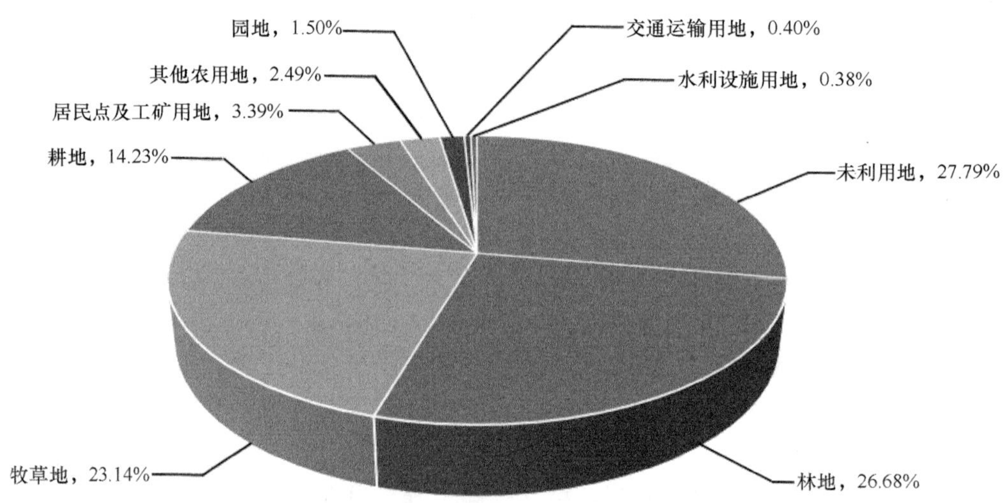

图 1-1　2017 年我国各地类占比情况（修改自李树枝等，2019）

但人类为改善生活条件对建设用地的需求也是日益增加的，这就造成了土地供需矛盾的加剧，耕地保护面临越来越严峻的问题和挑战。耕地是粮食生产的根本，耕地的多少，直接影响国家粮食安全。资料显示，2017 年全国耕地 20.23 亿亩，比 2009 年减少了 700 万亩；2017 年全国共有建设用地 3.96×10^7 hm^2，比 2009 年的 3.50×10^7 hm^2 增加了 4.59×10^6 hm^2。这些数据还没有包含违法违规占用和依法审批占用的耕地，自然资源部在 2019 年督察中发现，全国违法违规占用永久基本农田 13.34 万亩，耕地 114.26 万亩。我们必须坚决杜绝这些盲目追求城市扩张、违法违规占用和闲置浪费城镇周边优质耕地的行为，确保我们的耕地，保障我国的农业生产安全（国土资源部，2006-2018；张绪成，2020）。

二、传统农业对环境的破坏

传统农业主要依靠人力、畜力和当地自然资源，由于环保意识不强，给环境带来了一定的破坏，主要表现为以下几点。

化肥农药的过量使用。自 1994 年我国化肥施用量首次超过美国后，一直是世界上化肥施用量最多的国家（代瑞熙和郝晓燕，2015）。从 1980 年到 2014 年，我国化肥施用量从 1.27×10^7 t 增加到 6.00×10^7 t，增长了近 4 倍；复合肥用量从 2.72×10^5 t 增长至 2.12×10^7 t，增长速度较快，增长了 77 倍多。我国化肥施用量增长迅速，但粮食产量增长缓慢，增长率不断下降，从 1998 年的 60.02%降至 2014 年的 49.75%，降低了 10.27 个百分点（侯萌瑶等，2017）。由于施用方法、用量、时间的不合理，我国的肥料利用率低，不足 30%（任军等，2010）。化肥与农药的过量使用，造成河流湖泊富营养化，地下水污染加剧（李文斌等，2019）。

畜禽养殖污染物的排放。我国畜禽养殖规模大小不等、分散而不集中，粪污、冲洗废水直接堆放或直接排放。流失的畜禽粪便废弃物是农村水体有害物质超标、水体富营养化的重要原因。2013 年的一份综合研究显示：中国单位耕地面积的畜禽养殖氮污染负荷平均已超过 138.13 kg/hm^2，四川、海南、贵州、北京、云南、广东单位耕地面积的畜禽养殖氮污染负荷已达到 202.98 kg/hm^2，远超出欧盟农业政策规定的粪肥年施氮（N）量 170 kg/hm^2 的警戒线（杨飞等，2013）。

农田秸秆的无序利用。2006 年的一份调查显示，中国秸秆年产量高达 7×10^8 t，利用率却不足 15%，超过 3.2×10^8 t 的秸秆引起环境污染（崔健等，2006）。秸秆闲置和阶段性分散焚烧行为普遍存在，面对巨大生物质资源既浪费又污染环境的问题，国家出台了一系列政策。1999 年国家出台的《秸秆禁烧和综合利用管理办法》首次明确指出高压输电线周边、交通干线周边、机场附近以及在省辖市（地）级人民政府限定的区域内禁止进行秸秆焚烧；2008 年的《关于加快推进农作物秸秆综合利用的意见》和 2011 年的《“十二五”农作物秸秆综合利用实施方案》进一步规定了秸秆综合利用的目标；2015 年修订的《中华人民共和国大气污染防治法》提出了省、自治区、直辖市人民政府应当划定区域，禁止露天焚烧秸秆、落叶等产生烟尘污染的物质；2016 年发布的《关于印发编制“十三五”秸秆综合利用实施方案的指导意见》强调实施目标是基本实现秸秆资源化利用，解决秸秆废弃和焚烧带来的资源浪费与环境污染问题，力争到 2020 年秸秆综合利用率达到 85.0%以上。据测算，2017 年全国秸秆理论资源量高达 8.84×10^9 t，可收集资源量

7.36×10^8 t，秸秆综合利用率已达 82.0%（陈强强等，2020）。

在保障粮食自给的情况下，降低环境成本，减少温室气体排放，维护生物多样性，实现环境保护和农业可持续发展既是现实的生产实际问题，也是值得研究的科学命题。

第三节　土壤的侵蚀和沙化

一、土壤侵蚀

土壤侵蚀是指土壤、土壤母质或其他地面组成物质受风力、水力、重力或冻融等作用被破坏、剥蚀、冲刷、沉积和搬运的全部过程（中国水利百科全书编委会，1992）。狭义的土壤侵蚀指土壤及其母质层的侵蚀过程，相当于水蚀的一部分。广义的土壤侵蚀，除包括水力、风力、冻融、重力和化学侵蚀外，还包括土壤的淋溶、坍陷等。在当今时代，我们人类的活动对土壤侵蚀的影响日益加剧，已经成为破坏土壤和地面组成物质的另一主要因素，因此土壤侵蚀最新的确切定义应为：土壤、土壤母质或其他地面组成物质在各种自然力和人类活动的综合作用下被破坏、剥蚀、冲刷、沉积与搬运的过程。我们日常往往将土壤侵蚀描述为水土流失（张洪江等，2000）。

在地质时期的自然条件下，陆地表面不断发生的侵蚀过程是地质侵蚀，也称自然侵蚀，是在不受人类影响的情况下进行的。人类出现以前发生的侵蚀称古代侵蚀，它的发生与发展取决于当时自然因素的变化，如构造运动、冰川活动、气候变化和重力作用等。人类出现以后由生产活动引起的土壤侵蚀现象称为现代侵蚀，它是在古代侵蚀塑造的地形上发展起来的。

当土壤的侵蚀速度不超过其成土速度时，土壤不会发生退化，可以无限期地利用。成土速度较难精确地测量出来，根据土壤学家的估计，在不扰动的条件下，每 300～1000 年可形成 25 mm 厚的表土层。在耕作扰动的情况下，有的土壤在 30 年内形成 25 mm 厚的土层，相当于成土速度为 10.8 $t/(hm^2 \cdot a)$。参照不同土壤的成土速度，可以确定一个允许的侵蚀速度极限，即允许土壤流失量，我国的侵蚀速度极限为 2～10 $t/(hm^2 \cdot a)$。

（一）土壤侵蚀的影响因素

土壤侵蚀受到土壤自身结构、自然作用力和人类活动等诸多内外因素的影响。具体而言，影响土壤侵蚀的内因包括土壤自身性质和地形因素；而外因则包括气候条件、植被条件以及人类活动等因素。

土壤本身性质的研究可概括为土壤物理性质的研究和土壤化学性质的研究。

其中，土壤的物理性质包括土壤透水性与质地、结构、孔隙等特性。土壤的化学性质则包括土壤酸碱性、有机质含量等特性。地形因素的研究总体可归结为坡度因素与坡长因素的研究。一般情况下，坡面的侵蚀量与坡度成正比，当坡面的坡度超过一定限度时，坡面的侵蚀量与坡度成反比。所以，一定存在一个坡度临界值可使坡面的侵蚀程度发生转折，这个值就是“临界坡度”。

土壤侵蚀受气候条件的影响是指温度变化、降水多少等对土壤侵蚀的影响。植物可以有效固定土壤，防止土壤侵蚀的发生，不同的植被类型、植被覆盖度对土壤侵蚀产生不同的影响。在各种影响因素中，人类的活动为土壤流失的主要因素，一般是滥垦、滥伐及滥牧导致破坏。另外，陡坡开荒、顺坡耕作、过度放牧，或不科学的开矿、修路都会造成严重的水土流失（何金龙等，2015）。

（二）土壤侵蚀的危害

土壤侵蚀已经严重破坏了我们的土地资源，大面积土壤由于水土流失形成了大量沟壑结构，地表土层变薄，大面积的农业耕地被切割成支离破碎的状态，减少了可耕种土地的面积，极度影响了耕地的规模化利用。

土壤侵蚀会造成地表的大量沃土流失，土壤中有机质和养分大量损失，土壤理化性质恶化，土壤肥力和农作物产量显著降低。严重的水土流失还会导致地表的自然植被遭到严重破坏，自然生态环境的失调引发洪涝、干旱、冰雹等自然灾害加剧。土壤风蚀还会导致耕地大面积沙化，季风季节会形成严重的沙尘暴天气。

另外，土壤发生水土流失产生的大量泥沙，随水流被搬运到河道、水库、湖泊，泥沙沉积导致河床抬高、河道淤积，进而造成洪水泛滥。同时大量泥沙的沉积会造成耕地出现次生盐渍化。泥沙在水库中的沉积也给人类生活带来巨大隐患，长江上游地区的大中型水库平均每年沉积的淤泥高达数亿吨。湖泊中泥沙的淤积会使湖泊容量减少，蓄洪能力下降，相应增大了洪峰流量（李海燕，2011）。

（三）土壤侵蚀的防治

土壤侵蚀不仅给当地生态、环境、人类生存和社会经济发展等带来严重影响，而且给相邻地区（如侵蚀流域的下游地区、湖泊和近海地区）带来严重危害（郑粉莉等，2004）。因此，防治土壤侵蚀、改善生态环境、实现人与自然协调和资源–环境–社会经济可持续发展，已成为全世界普遍关注和人类生存发展迫切需要解决的重大环境问题。防止土壤侵蚀，主要应从改变地形条件、改良土壤性状、改善植被状况等方面入手，通过因地制宜地合理利用土地，因害设防地综合配置防治措施，来建立完整的土壤侵蚀控制体系。

治理土壤侵蚀有多种途径，通过坡面治理、沟道治理和建造蓄水池、转山渠、引洪漫地等小型水利工程，使水土得到有效保持。造林种草、绿化荒山等生物工程措施也是治理土壤侵蚀的有效措施，通过增加地面绿植覆盖率、改良土壤侵蚀现状，最终达到保护耕地、提高土地生产力的目的。

二、土壤沙化

土壤沙化是指由气候变异或人类过度砍伐、土壤开发活动造成干旱、半干旱和亚湿润干旱地区土地生产力下降甚至丧失的现象（金铭，2012）。

（一）土壤沙化的成因

土壤沙化的形成条件是多方面的，主要应从自然因素（土壤、气候、水文、植被）、人为因素等方面来综合分析。

1. 自然因素

土壤脆弱条件：土壤是沙化的载体，土壤个体的组成成分、结构不同则土壤的脆弱条件不同。例如，风沙土、栗钙土等钙质成分高的土壤，结构较松散，极易发生风蚀，导致沙化；栗褐土、褐土、黄土状褐土等土壤有机质含量较低，极易发生侵蚀，导致沙化。

气候脆弱条件：自然界异常的气候条件造成生态系统原有的平衡被打破，如降水减少、气温增高会促使土壤盐渍化的发生，从而加剧土壤沙化的扩展。

水文脆弱条件：沙化发生非常重要的原因是河道的干涸、断流和地下水位的下降。近年来人为拦蓄河道之水，河谷之砂变为干砂，砂颗粒之间的内聚力减小，是河川两侧土壤沙化加剧的主要原因，天然灌溉面积越来越少，是对土壤的直接破坏。

植被脆弱条件：大量植被和脆弱带的植被遭受破坏，加重沙化作用。植被覆盖率低，森林分布不均，环境功能低下，以及垦草种粮、超载放牧、虫鼠害、火灾等因素，造成植被质量下降。

2. 人为因素

近代人类数量的暴发式增长加大了土地的压力，是一些地区土壤沙化的直接原因。我们对干旱区域土地的过度放牧、盲目垦荒、乱挖中药材、对水资源和矿藏的不科学开发利用都是土壤沙化加速扩展的主要原因（图 1-2）。已有研究表明，人口密度的增加与草地退化呈现明显的正相关。

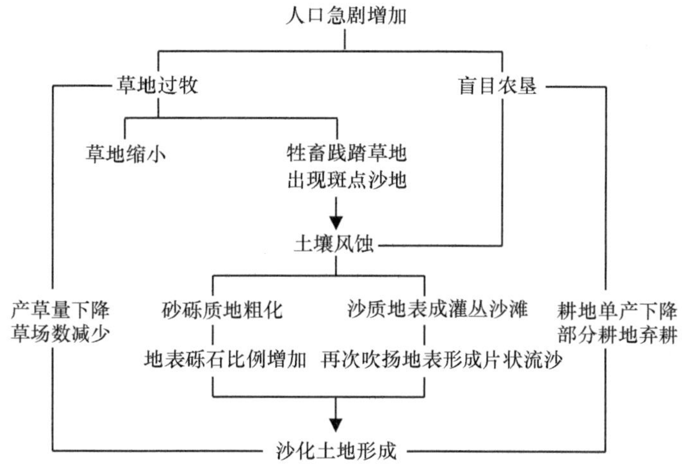

图 1-2　人口因素对土地沙化的影响

（二）土壤沙化的影响与危害

土地沙化危害严重、影响深远，不仅会破坏生态环境，造成森林锐减、天然植被大面积死亡，而且威胁人类的生存，很多地方水质恶化，盐碱化扩大，风沙频繁，地下水位下降，沼泽干涸，万顷农田弃耕，农业生产严重受损，有些地区更是人畜饮水困难，一部分牧民沦为“生态难民”，四处迁徙。

土壤沙化导致环境严重恶化，必定会造成区域内生物生存条件被破坏，生物物种丰度降低，生物多样性急剧减小。例如，荒漠地区的三叶甘草、盐桦、新疆虎、蒙古野马、高鼻羚羊和新疆大头鱼等生物现已灭绝，另外数十种生物处于濒危状态。由于土地沙化，原来在我国草原地区曾经广泛分布的中药材甘草、麻黄、柴胡、苁蓉、锁阳、黄芪、防风和远志等数量日趋减少，有些甚至濒于灭绝。

三、土壤结构破坏对农业的影响

土壤结构是指土壤中颗粒黏结形成的各种团聚体的形态，是土壤重要的物理性状之一，主要有块状和核状结构、柱状和棱柱状结构、片状结构、团粒结构等类型。团粒结构（水稳性团聚体）是农业生产的最佳土壤结构。但受自然因素和人为因素的影响，土壤的固有结构常常会发生改变，尤其是恶劣的自然条件和不合理的人类活动对土壤本体直接造成破坏，如土壤发生侵蚀、沙化等。

土壤侵蚀、沙化等不利因素均会破坏土壤的结构，导致土壤过分沙化或黏化，影响土壤结构体的性质及单粒、复粒等结构体的排列和相应的孔隙状况，进而影响土壤肥力和可耕性，会对农业的生产造成极大危害。

土壤结构破坏使可利用土地减少、土壤质量下降，造成农牧业生产减产甚至绝收；土壤结构破坏会导致土壤养分流失、表土粗化、地力急剧下降；土壤结构破坏会产生大面积流动沙丘和零星沙丘，在不断前移的过程中，埋没其前方的农田、道路、房屋，对绿洲的安全构成严重威胁；另外，全国每年因土壤结构破坏损失的土壤有机质、氮素和磷素不计其数。在日常的农业生产中，我们可以采取精耕细作、多施有机肥料、合理轮作倒茬，或施加一些土壤结构改良剂对土壤结构进行改良恢复。

第四节　农田土壤的盐渍化

一、土壤盐渍化的严重形势

土壤盐渍化是农业生产中最重要的问题之一。土壤盐渍化亦称土壤盐碱化，是指在一定的自然条件下，由自然或人为因素造成盐分在土壤表面聚集的现象。土壤盐渍化多发生在气候干旱、蒸发强度大、地下水位高且地下水中可溶性盐类含量较高的干旱、半干旱地区。在这些地区，可溶性盐离子在土壤中会不断积累。土壤中积累过多盐分会降低土壤生产力、限制作物产量，造成地表的植被死亡、土壤中微生物大量消失，最终造成肥沃的土壤变得完全贫瘠（李凤全和吴樟荣，2002）。

土壤盐渍化形成的主要原因有：①气候干燥是导致土壤盐渍化发生的主要外界因子，干燥度、地面蒸发量与降水量比值和土壤盐渍化的关系十分密切。土壤板结加剧了土壤盐渍化进程。②灌溉水总含盐量及其组成影响土壤含盐量。灌溉的水越多，土壤的含盐量越接近灌溉水的，当土壤干燥时，其含盐量会增加。土壤排水不良导致土壤渗透性低，盐分会在土壤表面积累。③农业化肥施用量过大，使一些无机盐残留于耕层土壤内，一些肥料含有高含量的潜在有害盐，如氯化钾或硫酸铵。过度使用和滥用肥料导致土壤盐分增加。④干旱地区的蒸发和蒸腾作用强，种植的高耗水植物通过毛细作用从根部吸收地下水，导致土壤盐分积累。

土壤盐渍化的形成与积累，对土壤的结构产生严重破坏，对植物的生长构成了危害。在盐渍土中，钠取代了钙和镁，减少了土壤颗粒的聚集，使土壤趋于分散。当土壤变湿时，土壤的入渗能力随之降低。干燥时，碱土变硬，有开裂的倾向。

土壤盐渍化聚集的盐分几乎影响植物生长的所有过程。其中渗透胁迫是盐分水平升高引起植物生长减缓和产量下降的主要原因。水通过渗透作用进入植物的根部，这一过程受土壤水中盐分水平的控制。高盐浓度导致土壤溶液渗透势高，植物必须消耗更多的能量来吸收水分。在极端盐分条件下，植物可能无法吸收水分，甚至当周围的土壤水分饱和时也会枯萎。同时，有些离子（特别是氯离子）

对植物有毒，随着这些离子浓度的增加，植物中毒死亡。随着盐分水平的增加，植物的抵抗力降低，生长迟缓、叶片烧伤和坏死等现象明显。另外，土壤盐渍化会破坏生态环境，盐渍化对生态环境最为明显的影响是森林锐减、草原退化、绿色植被减少，生态系统的总碳排放量急剧增加，使环境空气逐渐恶化。

二、改良盐碱地生态环境的途径

改良盐碱地生态环境是国内外普遍存在的技术难题，但只要科学管理、积极防治，盐碱地的生态环境也能得到明显改善，主要改良途径如下：①控制灌溉水量，使用最低水平的灌溉水量，并使土壤保持良好的排水条件。②种植耐盐作物是解决土壤盐分问题的最佳方法之一。种植耐盐经济作物，如大麦、向日葵或油菜，不仅能降低土壤盐分，而且还能减少水分蒸发，阻止耕作层的盐分积累。③冲洗土壤，是用低盐水灌溉该地区并冲洗根区以下盐分的方法，淋洗能够使土壤地表盐分向下流动，改善土壤盐渍化。④使用含哈茨木霉的生物肥料。哈茨木霉通过固氮、释放植物生长调节物质和降解土壤中的有机质，使土壤环境中多种养分保持丰富。此外，木霉菌对盐碱地具有较强的适应性，繁殖迅速，因此利用木霉降低土壤含盐量是一种重要的方法。

另外，深翻松耕也是解决土壤盐渍化的好方法。深翻松耕能够使土层疏松，促进土壤微生物生长，加快土壤有机质降解，恢复土壤结构。深翻松耕还可以打破土壤毛细管作用，减少水分蒸发，从而减少土壤表面盐分的积累。

改良土壤盐渍化也可以采用施用化学改良剂及矿质化肥的方法。例如，施加一些矿质化肥、脱硫石膏、硫酸亚铁、磷石膏、亚硫酸钙等化学肥料可以通过酸碱中和达到改良土壤理化性质，进而抑制土壤盐渍化的目的。减少化肥施用量、合理施用有机肥对于改良土壤团粒结构而去盐渍化、恢复土壤肥力有着重要作用。

第五节　诱变育种在农业生态改良中的应用

诱变育种是在人工条件下利用化学、物理或生物等因素诱导生物体发生遗传物质变异，并从变异类型中选择出性状优良的个体，进而培育成动植物或微生物新品种。近年来，随着科学水平的不断发展，通过诱变育种已经创造出大量的农作物新种质，培育出了一大批高品质、高产量、耐盐碱和寒冷的新品种，这些新品种已广泛应用于农业生产，取得了显著的社会效益、经济效益。

遗传变异是生物表型多样性的来源，也是进化多样性的主要驱动力。几千年前，在动植物的驯化过程中人们就观察到了遗传变异。在 20 世纪早期的几十年里，科学家发现，用 X 射线、γ 射线等照射谷类作物的休眠种子、萌动种子、配子体等可以得到高于自然突变率几个数量级的突变率。这个发现很快被用于作物育种之中，我们在不需要事先了解基因或基因功能的情况下，就可以成功诱变培育出具有优良性状的农作物新品种。自 20 世纪 30 年代第一个烟草突变体问世以来，诱变育种一直是作物育种的重要方法之一。据联合国粮食及农业组织统计，截至 2016 年 5 月，世界上 60 多个国家的科学家，对 214 种植物利用诱变育种技术培育了 3200 个品种，其中有相当数量的农作物突变品种已经在农业生产上得到了推广应用。例如，江苏利用核辐射诱变育成的高产抗病小麦品种‘扬麦 158’在江苏、安徽、河南等地获得了大面积推广应用，成为长江中下游地区有史以来种植面积、覆盖率最大的小麦品种之一（赵林姝和刘录祥，2017）。

诱变育种具有育种期短、变异多、变异幅度大的特点，是培育农作物新品种和创造特色种质资源的有效途径。例如，浙江大学利用诱变育种技术培育了进食后血糖上升缓慢的稻米品种，满足了糖尿病患者的饮食需求。黑龙江省农业科学院作物育种研究所利用太空诱变育种技术培育出了优良的小麦新品系。日本科学家通过重离子诱变培育了对镉积累较少的水稻品种，提高了水稻生产的安全性能。

诱变育种技术在农业生产中的应用范围越来越广，现在在粮食作物小麦和豆类、经济作物、蔬菜作物、林果、牧草、花卉及药材等方面利用诱变育种技术已经取得了可喜的成果，不仅育成了高产、优质、多抗的作物新品种和品系，而且培育出营养高、口感好的安全粮食，为生态农业的高收益、高品质、可持续发展提供了有力保障（田伯红等，2008）。

第二章　突变与突变的检测分析

第一节　突变和突变的种类

一、突变的含义

遗传物质发生的可遗传的改变都称为突变（mutation），包括染色体畸变和基因突变。由于某一基因突变而表现出新的表型（phenotype）的个体称为突变体（mutant），也称突变型。从传统意义上讲，凡不能用已存在的遗传重组来解释，而在表型上突然出现任何可遗传的改变都属于突变。染色体畸变（chromosome aberration）是指生物细胞中染色体在数目和结构上发生变化，包括染色体数目的改变和染色体结构大的改变，前者分为整倍性和非整倍性改变，后者包括插入、缺失、倒位和易位等；基因突变是指一个等位基因的一个或多个碱基位点发生改变，变为它的另一种等位形式。狭义的突变往往指基因突变，这是我们本节重点讨论的内容。基因突变在生物界中是普遍存在的，而且自发突变往往没有伴随环境的变化，突变产生的性状跟环境条件之间也没有明显的对应关系。例如，有角家畜中会突然出现无角类型，高秆禾谷类作物中会出现矮秆植株，有芒小麦中出现无芒小麦，代谢正常的大肠杆菌中突然出现不能合成某些氨基酸的菌株等。这些突变类型和正常植株的生长环境是一致的，可见突变的发生与环境条件之间没有明显的对应关系。但是，自发突变频率往往不会过高，否则将破坏遗传信息的稳定传递，导致物种的变异或个体的死亡。

二、突变的种类

突变的种类根据不同的分类依据有不同的定义，有以下 4 种分类方式。

（一）自发突变和诱发突变

根据突变的原因将其分为自发突变（spontaneous mutation）和诱发突变（induced mutation）。在自然情况下发生的突变，称为自发突变或自然突变；应用一些物理、化学因素诱发的突变，则称为诱发突变。

一般认为，自发突变与自然环境和生物内部的理化因素有关，如自然界中的辐射，如宇宙射线、生物体内的放射性元素等，但自然界中的电离辐射强度不能解释全部的自发突变。温度的极端变化也能引起自发突变，在高温（如 40℃）或低温（如 0℃）条件下生物材料的突变率会提高。当然，生物体内或细胞内某些生理、生化变化也会导致自发突变。例如，正常情况下，金鱼草的种子在贮藏 6～9 年后，突变率从 1%增加到 1.6%～5.3%，贮藏 10 年后突变率可达 14.3%。可见，自发突变确实是由自然界或生物体内物理、化学因素诱导的。

诱发突变是生物体遭受诱变剂处理之后发生的突变。诱变剂包括电离辐射、紫外线和各种化学药品。DNA 或 RNA 被诱变剂处理后会发生结构变化，产生可遗传的变异。1927 年，Muller 用 X 射线处理果蝇精子，显著地提高了突变率，证明 X 射线可以诱发突变。Stadler（1928）用 X 射线和 γ 射线处理大麦与玉米种子，也得到相似的结果。其他研究表明，α 射线、β 射线、中子、质子及紫外线等都有诱变作用。这些发现为遗传育种学家提供了获得更多突变体的有效方法，可以得到更多用于遗传学分析和育种的突变品系。

（二）隐性突变和显性突变

根据突变表型是否在当代显现，突变可以分为隐性突变（recessive mutation）和显性突变（dominant mutation）。这种突变分类与突变基因的显隐性有关，隐性突变的突变性状由隐性基因控制，在 F_2 代才显现出来；显性突变的突变性状由显性基因控制，在当代表现。

（三）形态突变、生化突变和致死突变

根据突变对表型的效应，突变可以分为形态突变（morphological mutation）、生化突变（biochemical mutation）和致死突变（lethal mutation）。

形态突变是指生物的形态结构，包括大小、高矮、形状和颜色等改变。例如，由普通绵羊突变产生的安康羊（Ancon sheep）的四肢变得很短。因为形态突变是看得到的突变，又称可见突变（visible mutation）。

生化突变影响生物的代谢过程，导致一个特定的生化功能改变或丧失，产生不能合成主要代谢产物（如氨基酸、嘌呤、嘧啶、维生素等）的突变体。这类突变会导致细菌由原来的自养型变成某种营养成分缺失型，只能在添加某种特定营养成分的培养基中生长。因此，生化突变也称营养缺陷型突变（auxotrophic mutation）。

致死突变主要影响生物体的生活力，导致个体死亡。根据致死突变基因的遗传学效应，致死突变可分为显性致死突变（dominant lethal mutation）和隐性致死突变（recessive lethal mutation），前者在杂合体时即有致死效应，后者则在纯合体时才有致死效应。常见的是隐性致死突变，如人类的镰状细胞贫血和植物的白化病就是由隐性致死突变产生的。由于致死突变可能会导致个体甚至是配子在不同发育阶段死亡，因此可能会改变杂交或自交后代的遗传比例，因此在观察不到典

型的分离比时，可以考虑是否存在致死突变。不同致死突变基因的致死能力不同，其可以引起全致死（complete lethal，使 90%以上个体死亡）、半致死（semi-lethal，使 50%～90%个体死亡）和低生活力（subvital，使 10%～50%个体死亡）等不同致死类型。另外，有的致死突变基因是否致死与环境条件有关，称为条件致死突变（conditional lethal mutation）。例如，水稻的光温敏型不育系的育性转换与日照和温度有关，在长日照、高温条件下花粉发育异常，导致雄性不育，在短日照、正常温度下花粉发育正常，是可育植株。因此，该水稻既可以作不育系，也可以作保持系，使三系育种变成二系育种，为杂种优势利用提供了更加高效的实验材料。实践证明，突变类型的定义不是简单一一对应的，有时候一个突变类型可能涉及几个不同的生物学过程，很多都涉及生化突变。所以，研究突变时要认真考察突变性状，不要只是注重概念。

（四）与遗传密码相关的突变类型

基因突变涉及碱基种类或数目的改变，当突变碱基位于编码框内时，就会引起编码氨基酸的改变。根据突变对编码序列的影响，将其分为同义突变（synonymous mutation）、错义突变（missense mutation）、无义突变（nonsense mutation）、终止密码子突变（terminator codon mutation）和移码突变（frameshift mutation）。

同义突变指突变没有引起编码氨基酸的改变，这是因为密码子存在简并性，虽然突变位置的碱基发生改变，但是编码的氨基酸没有改变，蛋白质的结构和功能也不变，因此不会产生突变效应。据统计，同义突变约占碱基置换突变总数的 25%。

错义突变指突变后密码子编码的氨基酸种类发生了改变。因为错义突变涉及氨基酸种类的改变，往往导致编码蛋白质的结构或功能发生变异。例如，人类的镰状细胞贫血就是由于正常血红蛋白 Hb A 的 β 链中第六位密码子 GAA 突变成 GUA，编码的氨基酸由谷氨酸变成缬氨酸，因此血红蛋白变成异常的 Hb S。

无义突变指基因中某个编码氨基酸的密码子突变为终止密码子，导致多肽链合成提前终止。因为终止密码子有多种，所以发生无义突变的概率较大。因为无义突变导致肽链翻译提前终止，产生的多肽往往没有生物活性，或者蛋白质功能发生改变。

终止密码子突变指基因中一个终止密码子突变成编码某种氨基酸的密码子。这种突变导致肽链的合成延长到下一个终止密码子处停止，合成的多肽链变长，也称延长突变（elongtion mutation）。例如，人的一种血红蛋白 α 链的突变型 Hb CS 就是延长突变的产物，Hb CS 的肽链长度比正常人的珠蛋白 α 链多了 31 个氨基酸，但是这类人没有表现出明显异常，表明延长的片段对血红蛋白的功能影响不大。

移码突变指在编码框中的某一位点插入或缺失一个或几个（非 3 倍数）碱基

时造成插入或缺失位点以后碱基的编码顺序发生改变。这类突变的遗传学效应往往很严重，因为缺失或插入核苷酸之后的所有密码子几乎都会发生改变，甚至会发生翻译产物的延长或翻译提早终止。因此翻译产物不再是原来编码的氨基酸链，极大可能产生功能异常或丧失的蛋白质。

三、基因突变的特性

（一）普遍性和随机性

基因突变在不同物种中普遍存在，在生物个体发育的任何时期和任何组织、器官中都可能发生。但是，基因突变有随机性，即突变发生的位置和遗传学效应是不可预期的。例如，培养的同一批细菌中可能会分离出具有不同突变表型的菌种；果蝇的突变体中存在白眼、红眼、棒眼、小翅、残翅等不同类型。这些突变的出现和外界环境没有特别明显的关联，莱德伯格（Lederberg）等在 1952 年用影印接种的方法证实了这一论点。他将对某药物敏感的细菌涂在不含该药物的培养基表面，等菌落长出来后将菌落用灭菌绒布影印接种到含有该药物的培养基上，观察其生长情况。他发现多数情况下会筛选到有抗药性的菌落，这些抗药性菌落就是突变的结果。由于前一培养基是不含药物的，说明抗药性的出现不是菌种对药物的反应，而是随机突变的结果，只是经由药物检出而已。

（二）稀有性

尽管自然界中的突变普遍存在，但是，某个物种的某种突变的出现概率是很低的。在有性生殖的生物中，突变率用每一配子发生突变的概率，也就是一定数目配子中的突变型配子数占比来表示。在无性生殖的细菌中，突变率用每一细胞世代中每一细菌发生突变的概率，也就是一定数目的细菌在分裂一次过程中发生突变的次数表示。据估计，高等生物中在 10^5～10^8 个生殖细胞中才会有 1 个发生基因突变。尽管基因突变的频率很低，但是在一个具多个体的种群内会产生多种随机突变。各种生物的某些基因座位的自发突变频率见表 2-1。

表 2-1　各种生物的某些基因座位的自发突变频率（刘祖洞等，2013）

生物	性状，突变基因	频率	单位
T_2噬菌体 T_2 phage	溶菌抑制，$r \to r^+$	1×10^{-8}	每复制的突变基因频率
	宿主域，$h^+ \to h$	8×10^{-9}	
大肠杆菌 *Escherichia coli*	乳糖发酵，$lac^- \to lac^+$	2×10^{-7}	每分裂的突变细胞频率
	噬菌体 T_1 敏感性，$T_1^s \to T_1^r$	2×10^{-8}	
	组氨酸需要型，$his^+ \to his^-$	2×10^{-6}	
	$his^- \to his^+$	4×10^{-8}	

续表

生物	性状，突变基因	频率	单位
莱茵衣藻 *Chlamydomonas reinhardtii*	链霉素敏感型，$str^s \rightarrow str^r$	1×10^{-6}	每分裂的突变细胞频率
粗糙脉孢霉 *Neurospora crassa*	肌醇需要型，$inos^- \rightarrow inos^+$	8×10^{-8}	每无性孢子的突变频率
	腺嘌呤需要型，$ade^- \rightarrow ade^+$	4×10^{-8}	
玉米 *Zea mays*	皱缩种子，$Sh \rightarrow sh$	1×10^{-6}	每配子的突变频率
	非紫色糊粉层，$Pr \rightarrow pr$	1×10^{-5}	
	无色糊粉层，$R^r \rightarrow r^r$	5×10^{-4}	
果蝇 *Drosophila melanogaster*	黄体，$Y \rightarrow y$（雄蝇）	1×10^{-4}	每配子的突变频率
	$Y \rightarrow y$（雌蝇）	1×10^{-5}	
	白眼，$W \rightarrow w$	4×10^{-5}	
	褐眼，$Bw \rightarrow bw$	3×10^{-5}	
	黑檀体，$E \rightarrow e$	2×10^{-5}	
小鼠 *Mus musculus*	非鼠色，$a^+ \rightarrow a$	3×10^{-5}	每配子的突变频率
	白化，$c^+ \rightarrow c$	1×10^{-5}	
人 *Homo sapiens*	血友病 A，$h^+ \rightarrow h$	3×10^{-5}	每配子的突变频率
	白化病，$a^+ \rightarrow a$	3×10^{-5}	
	甲髌综合征	2×10^{-6}	
	亨廷顿舞蹈症	5×10^{-6}	
	软骨发育不全	4×10^{-5}	
	“多发性大肠息肉”由 5 号染色体 *APC* 基因突变造成	2×10^{-5}	
	假肥大型肌营养不良	10×10^{-5}	

（三）可逆性

野生型基因经过突变成为突变型基因的过程称为正向突变（forward mutation）。突变具有可逆性，即突变基因又可以通过突变而成为野生型基因，这一过程称为回复突变（back mutation）。例如，基因 *A* 突变为基因 *a*，基因 *a* 又突变成原来的基因 *A*。如果把 *A* 变成 *a* 称为正向突变，则 *a* 变成 *A* 就称为回复突变。正向突变和回复突变的频率一般不同。回复突变发生率很低，正向突变率总是高于回复突变率。原因是一个野生型基因内部许多位置的结构改变都可以导致基因突变，但是一个突变基因内部只有当发生正向突变的特定位置的结构变成突变前的结构时才能使突变基因恢复原状。例如，大肠杆菌野生型（his^+）突变为组氨酸缺陷型（his^-）的正向突变率是 2×10^{-6}，而由组氨酸缺陷型突变为野生型的回复突变率是 4×10^{-8}（表 2-1）。

在鉴定回复突变时，应该注意该突变是真正的回复突变，还是抑制突变（suppressor mutation)。抑制突变是指突变发生在另一基因座上，但是新突变掩盖了原来突变的表型效应。根据回复突变的出现，常常可以把点突变与涉及大片段的突变效应（如缺失、插入等）区分开来，因为缺失或插入，包括遗传物质的丧失或增加几乎不可能由一个位点的回复突变恢复正常结构，而点突变发生结构改变的位点单一，是比较容易回复的。

（四）不定向性

一个基因可以向不同的方向发生突变，即它可以突变为一个以上的突变基因，这些突变基因之间及突变基因与原来的正常基因之间互称为等位基因（allele）。突变的不定向性往往使基因具有多个不同的等位基因。群体中，如果一个基因座位上有两个以上的不同基因状态存在时，这样的基因称为复等位基因（multiple allelism)。复等位基因的存在是遗传分析的基础。例如，控制小麦种皮颜色的基因就是复等位基因，野生型 A 基因可能突变为 a_1、a_2、$a_3 \cdots a_n$ 等基因，使小麦的种皮颜色在红色和白色之间呈现渐变的颜色。基因突变的不定向性使生物中复等位基因出现成为可能。

（五）独立性和重演性

独立性指某一基因位点的一个等位基因发生突变，不影响另一个等位基因，即等位基因中的两个基因往往不会同时发生突变。即使真的同时发生了突变，也是两个独立事件，没有直接关系。重演性指同一生物不同个体之间可以发生多次同样的突变。

第二节　突变的分子基础

DNA 由两条反向平行的核苷酸链组成，双链的碱基严格互补配对，因此，DNA 结构的改变主要涉及核苷酸种类改变导致碱基对的改变。鉴于核苷酸的区别就是碱基的区别，后文将涉及核苷酸的改变简称为碱基的改变。许多基因突变只涉及一对碱基的改变，如一对碱基被另一对碱基置换（substitution)，一对碱基的插入（insertion）或缺失（deletion）等。这些突变是如何发生的呢？

DNA 的碱基结构并不是一成不变的，存在碱基结构的互变异构移位（tautomeric shift)，其往往造成碱基配对错误。Watson 和 Crick 指出，DNA 的碱基结构是不稳定的。氢原子能从嘌呤或嘧啶的一个位置转移到另一个位置，如氢原子可以从氨基上转移到氮环上，这种化学游动称互变异构移位。虽然互变异构移位是罕见的，但在 DNA 代谢中是相当重要的，因为互变异构移位改变了碱基对的电位势。图 2-1 列出的碱基结构是正常的，嘌呤是较稳定的酮式结构，嘧啶是较稳定的氨式结构，这种形式下腺嘌呤（A）与胸腺嘧啶（T）配对，鸟嘌呤（G）与胞嘧啶（C）配对（图 2-2）。这 4 种碱基偶尔会互变异构成不稳定的烯醇式（嘌呤）和亚氨式（嘧啶）。当碱基以它稀有的亚氨式或烯醇式状态存在时，会形成 A-C 和 G-T 的配对。这种互变异构式的碱基往往存在很短的时间，但是如果一个碱基以它的稀有形式作复制的模板或掺入到新生的 DNA 链中时，会因为错误配对造成一个突变，再次复制的结果就是 AT→GC 或者 GC→AT 碱基对的置换。

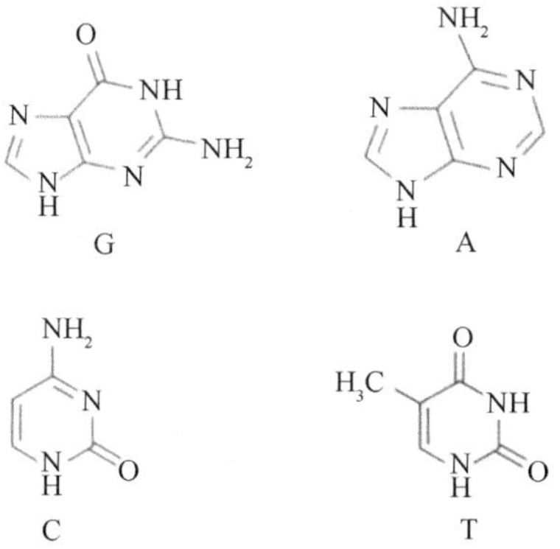

图 2-1　组成 DNA 的不同碱基的结构式

G. 鸟嘌呤；A. 腺嘌呤；C. 胞嘧啶；T. 胸腺嘧啶

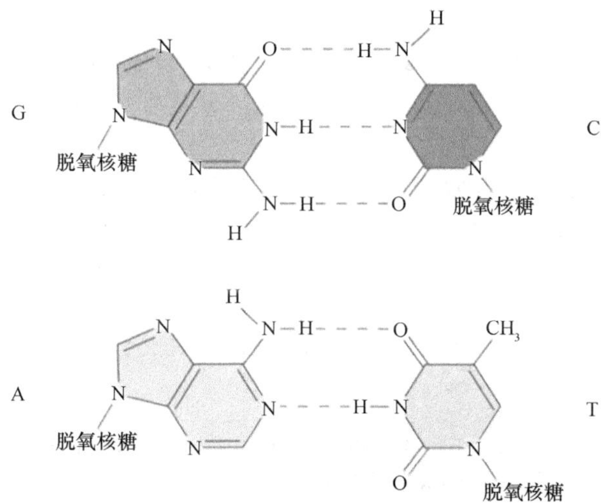

图 2-2　DNA 双链中正常结构碱基的配对形式

当嘌呤以正常的酮式、嘧啶以正常的氨式存在时，碱基配对方式是 G-C、A-T

DNA 链中由碱基互变异构移位而造成的碱基置换包括转换（transition）和颠换（transversion），一条链上同种碱基之间的改变称作转换，不同种碱基之间的改变称作颠换。例如，DNA 一条链上的一种嘌呤（或嘧啶）被另一种嘌呤（或嘧啶）

所取代，而在互补链上由相应的嘧啶（或嘌呤）取代的置换称为转换。颠换是指一条 DNA 链上发生嘧啶和嘌呤之间的置换，可以是一种嘌呤被一种嘧啶所置换或一种嘧啶被一种嘌呤所置换。转换和颠换的种类见图 2-3。转换可以有 4 种变化，而颠换则有 8 种可能。

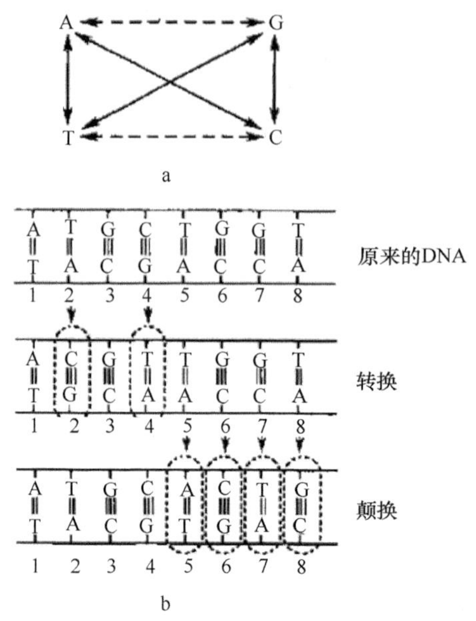

图 2-3　碱基置换和碱基对替换的可能形式

a. 可能出现的 4 种碱基转换（虚线）和 8 种碱基颠换（实线）方式；b. 一段 DNA 双链中，由碱基置换导致碱基对替换的例子

除上述碱基的转换和颠换外，有一类突变涉及一个或几个碱基对的增加或缺失，当插入或缺失碱基不是 3 的倍数时往往产生移码突变，产生不同于原来的多肽链。

第三节　化 学 诱 变

最早被发现的化学诱变剂（chemical mutagen）是秋水仙碱，可以诱发多倍体产生。1943 年 Auerbach 和 Robson 用果蝇做实验，发现芥子气[二氯二乙硫醚，bis (2-chloroethyl) sulfide]可以诱发突变。之后又发现了多种化学诱变剂，其中很多有剧毒或者是致癌剂（carcinogen）。例如，芥子气和氮芥子气可引起染色体断裂。诱变剂对包括人在内的不同生物都有诱变作用，因此，在使用诱变剂时要采取防护措施，以免危及人体。

化学诱变的处理方式比较简单，把种子、芽或休眠的插条等浸渍在一定浓度化学诱变剂溶液中适当的时间即可。化学诱变处理可以大大提高突变率，开拓了人工诱变的新途径。常用的化学诱变剂有五大类，包括碱基类似物、烷化剂、吖啶类、亚硝酸和羟胺，下面对常用的化学诱变剂及其诱变机制进行讨论。

一、碱基类似物及其诱变机制

碱基类似物（base analogue）具有同正常碱基极为相似的结构，在 DNA 复制过程中碱基类似物可以被当作天然碱基，掺入 DNA 链中，碱基类似物取代了复制 DNA 中的一个正常碱基，增加了碱基错误配对的频率，导致一个碱基对被另一不同碱基对所代替，产生突变。最常用的两种碱基类似物是 5-溴尿嘧啶（5-bromouridine，5-BU）和 2-氨基嘌呤（2-aminopurine，2-AP）。

（一）5-溴尿嘧啶

5-溴尿嘧啶是胸腺嘧啶的结构类似物，是胸腺嘧啶 C-5 位置的甲基（—CH_3）被溴原子代替后的产物，分子式如图 2-4 所示。

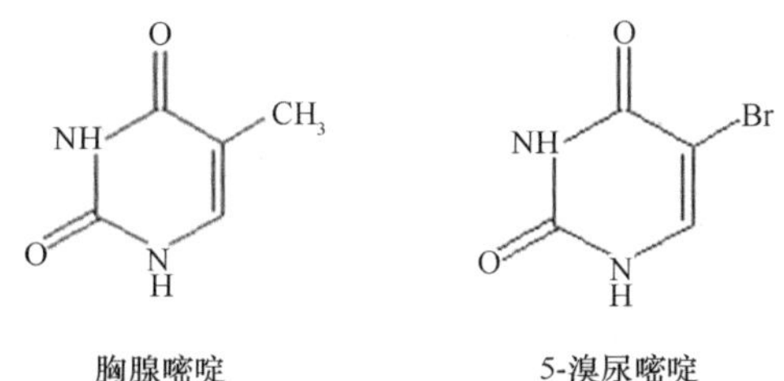

图 2-4　5-溴尿嘧啶的分子式及其与胸腺嘧啶的结构比较

5-溴尿嘧啶中 C-5 位置上溴的存在改变了电荷的分布，增加了碱基互变异构移位的频率，更易以烯醇式出现。在较稳定的酮式情况下，5-溴尿嘧啶同腺嘌呤配对。而在烯醇式情况下，5-溴尿嘧啶则与鸟嘌呤配对（图 2-5）。

5-溴尿嘧啶参与复制后导致碱基置换的过程如下：如果 5-溴尿嘧啶以酮式存在，在 DNA 复制时它会掺入到与腺嘌呤对应的新链中，替代胸腺嘧啶，这将造成 AT→GC 的转换；如果 5-溴尿嘧啶为烯醇式结构，在 DNA 复制时它会掺入到与鸟嘌呤对应的新链中，而造成 GC→AT 的改变（图 2-6）。这两种突变方式都是碱基转换。可见，5-溴尿嘧啶可以引起双向碱基转换，AT ⟷ GC，所以可以用 5-溴尿嘧啶诱发由其自身引发突变的回复突变。

实际研究中常用的是 5-溴脱氧尿核苷（5-bromodeoxyuridine，BUDR），诱变分子机制与 5-溴尿嘧啶一致，但是诱变效果比 5-溴尿嘧啶好。

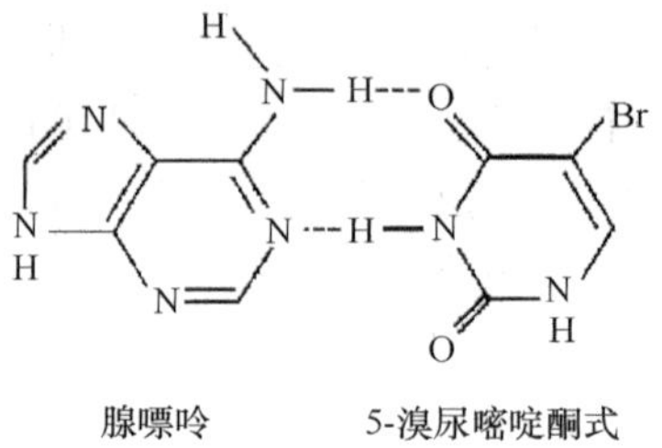

腺嘌呤　　5-溴尿嘧啶酮式

鸟嘌呤　　5-溴尿嘧啶烯醇式

图 2-5　不同形式的 5-溴尿嘧啶的碱基配对方式

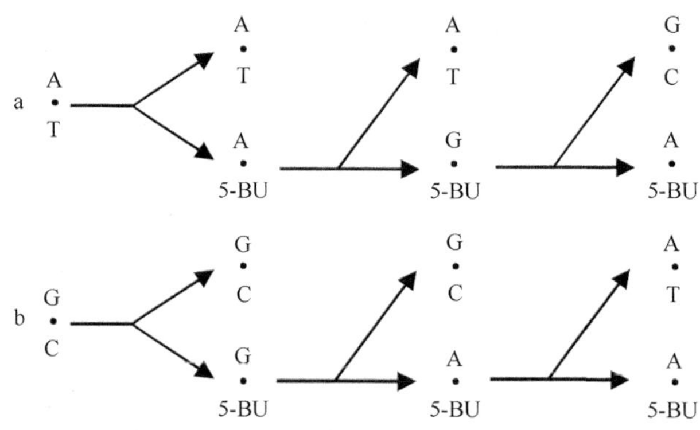

图 2-6　5-溴尿嘧啶（5-BU）诱发突变的机制

（a）诱发 A-T 转换为 G-C 的过程：复制时，5-溴尿嘧啶以常见的酮式结构替代胸腺嘧啶，掺入 DNA 链，掺入后第一次复制时，若 5-溴尿嘧啶以烯醇式存在，其和鸟嘌呤配对，从而在下一次复制时产生复制误差（error of replication），导致碱基对的替换；（b）诱发 G-C 转换为 A-T 的过程：复制时，出现配对错误，5-溴尿嘧啶以烯醇式掺入 DNA 链，掺入后第一次复制时，5-溴尿嘧啶又回复突变成酮式结构，这时配对正常，从而导致下一次复制时出现掺入误差（error of incorporation），导致碱基对转换

（二）2-氨基嘌呤

2-氨基嘌呤是腺嘌呤的类似物，可以通过两个氢键同 T 配对，又能通过一个氢键同 C 配对。因此，它和 5-溴尿嘧啶一样能诱发 AT⟷GC 两个方向的互换。但是，2-AP 优先同 T 配对，所以更容易诱发 AT→GC 的转换，仅在偶尔同 C 配对时造成 GC→AT 的转换（图 2-7）。

由于 2-AP 诱发的突变是 AT⟷GC 双向的转换，因此 2-AP 诱发的突变也能通过自身来诱发回复突变，当然，也可以通过 5-溴尿嘧啶诱发其回复突变。

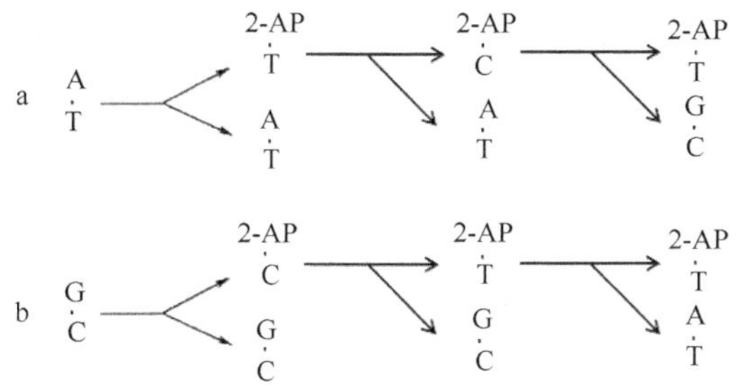

图 2-7　2-氨基嘌呤（2-AP）诱发突变的机制

（a）诱发 A-T 转换为 G-C 的过程：复制时，2-AP 优先与胸腺嘧啶配对，掺入 DNA 链，掺入后第一次复制时，2-AP 和胞嘧啶配对，从而在下一次复制时产生复制误差，导致碱基对的替换；（b）诱发 G-C 转换为 A-T 的过程：复制时，2-AP 与胞嘧啶配对，掺入 DNA 链，掺入后第一次复制时，2-AP 和胸腺嘧啶配对，从而在下一次复制时产生复制误差，导致碱基对的替换

二、烷化剂及其诱变机制

（一）烷化剂及其分类

烷化剂（alkylating agent）是指含有 1 个或多个活跃烷基的、具有诱变作用的一类化合物。烷化剂能将自身的烷基转移到电子密度较高的分子中，与氢原子发生置换，改变核苷酸的化学结构和碱基配对情况。烷基可以是甲烷（CH_3）、乙烷（C_2H_5）等，其一般化学式是 C_nH_{2n+1}。最早发现的烷化剂是芥子气，还有在工业上广泛应用的甲基磺酸乙酯（ethane methyl sulfonate，EMS）、硫酸二乙酯（diethyl sulfate，DES）、*N*-甲基-*N′*-硝基-*N*-亚硝基胍（*N*-methyl-*N′*-nitro-*N*-nitrosoguanidine，MNNG）等。

烷化剂可以分成两类：一类称为单功能烷化剂，具有一个能够起反应的烷基，只能对 DNA 一条链中的单个碱基进行烷化；另一类称为双功能或多功能烷化剂，具有两个或两个以上能起反应的烷基，可以对 DNA 一条链的不同碱基进行烷化，实现链内交联，也能在 DNA 的两条链之间形成链间交联。双功能或多功能烷化剂比单功能烷化剂引发的突变率高，因为它妨碍了双链的完全分开，影响 DNA 的复制。

（二）烷化剂与 DNA 的作用方式

1. 烷化剂的作用位点

鸟嘌呤的 N-7 位置几乎能与所有烷化剂起反应，是最易被烷化剂烷化的位点。例如，甲基磺酸乙酯（EMS）主要就是在鸟嘌呤的 N-7 位置发生乙基化，而 7-乙基鸟嘌呤就与胸腺嘧啶配对，不再与胞嘧啶配对了。这样，经过复制后，烷化作用就导致了碱基转换（图 2-8）。有研究发现，一些烷化剂也能诱发碱基颠换，但机制不是很清楚。另外，鸟嘌呤的 O-6、N-3，腺嘌呤的 N-1、N-3、N-7，胞嘧啶的 N-3 等位点也易发生烷化。

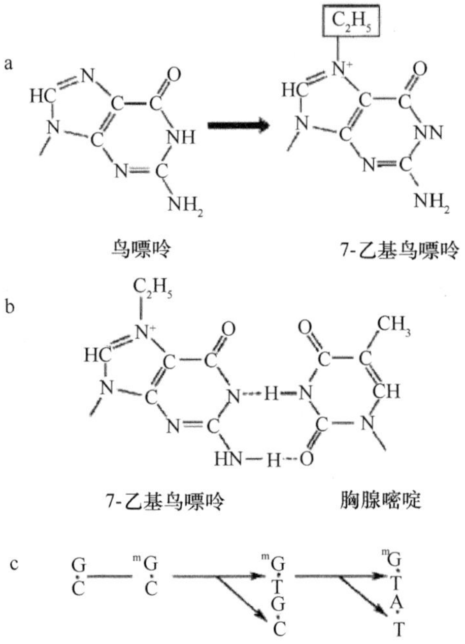

图 2-8　鸟嘌呤的烷化及烷化的鸟嘌呤的配对方式和碱基转换模式

（a）鸟嘌呤的烷化；（b）7-乙基鸟嘌呤与胸腺嘧啶配对；（c）7-乙基鸟嘌呤的配对方式导致 G-C 转换成 A-T（^{m}G 表示 7-乙基鸟嘌呤）

2. 烷化作用引发 DNA 的交联

双功能烷化剂能够使 DNA 发生交联反应，也作用于鸟嘌呤，如硫芥和氮芥同 DNA 反应的产物就是双鸟嘌呤衍生物（GpG）。在 DNA 双螺旋中，只有当烷基处于折叠状态而不是延展状态时，才可能在同一链上出现两个邻近鸟嘌呤的共价结合，因此，鸟嘌呤链间交联最容易发生在 GC 区。双鸟嘌呤衍生物（GpG）出现的频率取决于 G-C 碱基对的含量，即双鸟嘌呤衍生物占整个烷化产物的比例与 DNA 链的碱基组成有关。GC 含量低（约 34%）的 DNA 被烷化后，双鸟嘌呤衍生物只占总烷化产物的 13%，而当 DNA 含有 50%和 67%的 GC 含量时，双鸟嘌呤衍生物分别占总烷化产物的 20%和 26%。

DNA 的变性-复性实验表明，与双功能烷化剂反应后两条 DNA 链不能完全分开，这提供了链间交联的证据。研究还发现，氮芥引起的链间交联比链内交联多一些。一个链间交联足以造成 DNA 分子中至少 3000 个碱基对钝化，估计是阻碍了大范围 DNA 解离形成单链的结果。

（三）烷化作用的分子机制假说

烷化作用最终导致突变的分子机制主要有两种假说。

第一种假说是烷化剂导致突变的机制和碱基类似物相似，如上面讲到的EMS。主要是鸟嘌呤的N-7位置乙基化，而烷化的鸟嘌呤能够同胸腺嘧啶配对，这样就能导致碱基对的转换。

第二种假说是烷化剂与鸟嘌呤N-7位置的β-糖苷键发生作用而造成脱嘌呤（depurination）作用，这样在DNA模板上留下一个缺口。这个缺口在复制的时候，要么不管它，产生碱基缺失，要么选择一个任意碱基替代上去，这样必然会产生一个可观察到的转换或颠换。但近年来有一些实验结果否定了脱嘌呤作用的假说，因为把经烷化剂处理的噬菌体稍稍加热，可以专一性脱嘌呤，但是得到的是致死效应，而不是诱变效应。预测致死效应是由脱嘌呤引起的DNA链断裂导致的。

（四）超诱变剂与并发突变

超诱变剂指的是诱变作用特别强的烷化剂化合物，包括*N*-甲基-*N'*-硝基-*N*-亚硝基胍（MNNG）和亚硝基甲基脲（*N*-nitroso-*N*-methylurea，NMU）。超诱变剂除具有烷化剂的一般作用外，尤其是MNNG，还有一个特点，就是特别容易在复制叉附近诱发突变。因此，随着复制叉的移动，它能诱发邻近位置的基因同时发生突变，出现所谓的并发突变。因此，MNNG常用于诱导产生细菌的营养缺陷型（营养缺陷型往往涉及多个基因的突变）。Adelberg和Pittard（1965）利用超诱变剂使大肠杆菌（*E. coli*）产生营养缺陷型的突变率高达42.5%，之后利用龟裂链霉菌获得大肠杆菌营养缺陷型的突变率为22%，而天蓝色链霉菌诱发的突变率仅为12%。

三、吖啶类及其诱变机制

吖啶类药品多用作染料，因此也称吖啶类染料，包括原黄素、吖啶橙、吖啶黄等。吖啶类染料主要插入DNA双螺旋的邻近碱基对之间，使双螺旋拉长，引起DNA结构发生改变，但不形成共价键。

吖啶类药物的诱变机制与吖啶类药物能够插入DNA链中的特性有关。吖啶类药物往往会导致移码突变，原因可能是在双链DNA分子中插入吖啶分子后会有一条链断裂，之后核苷酸环化，接着修复时发生配对错误，再经一次DNA复制就出现碱基添加或缺失。另外，吖啶分子是扁平的，插入之后相当于DNA链中增加了一个碱基（图2-9）。插入的吖啶分子使DNA双链歪斜，导致遗传交换时排列不整齐，出现不等交换，产生的两个重组分子，一个碱基对太多，一个碱基对太少，碱基数目的改变会引发移码突变。一个碱基增加或减少的突变几乎可用减少或添加一个碱基来纠正，因为当添加和缺失间隔距离很小时，只有很少的氨基酸被错译，导致蛋白质结构只发生微弱的改变，但可能执行正常的功能，这种突变属于渗漏突变。

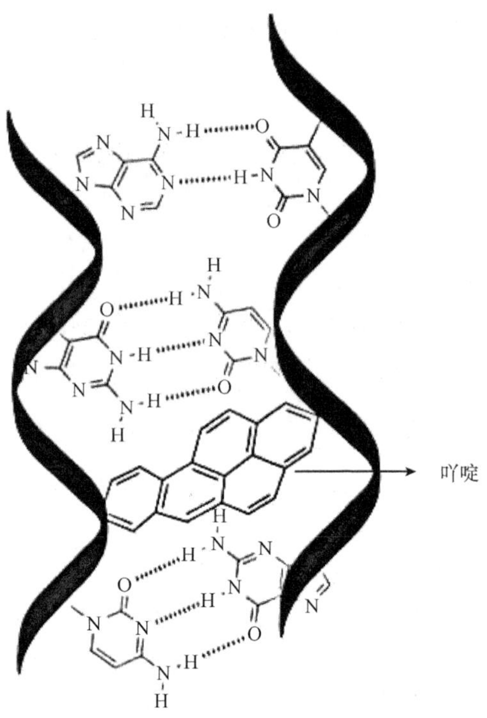

图 2-9 吖啶类药物插入 DNA 链中的示意图

不同吖啶类药物的诱变效果不同。吖啶橙和 5-氨基吖啶对于噬菌体都是有效诱变剂，而 5-氨基吖啶仅对减数分裂期间的酵母有诱变作用。

四、亚硝酸及其诱变机制

亚硝酸（HNO_2）是作用非常强的诱变剂，它是由亚硝酸盐与盐酸或酸性缓冲溶液反应而产生的。它直接作用在碱基的氨基上，通过使含有氨基的腺嘌呤、鸟嘌呤和胸腺嘧啶等碱基发生氧化脱氨作用（图 2-10），可以诱发多种生物的突变。其诱变机制是使氨基转换成酮基而改变了碱基中氢键的电位势，从而改变了碱基配对的方式。例如，腺嘌呤氧化脱氨成为次黄嘌呤（hypoxantin）后同胞嘧啶配对，而不再与胸腺嘧啶配对，因此引起 AT→GC 的转换；胞嘧啶氧化脱氨成为尿嘧啶后同腺嘌呤配对，而不再与鸟嘌呤配对，引起 GC→AT 的转换；鸟嘌呤氧化脱氨成为黄嘌呤（xanthine），但黄嘌呤依然同胞嘧啶配对，因此鸟嘌呤氧化脱氨不会直接起诱变作用。

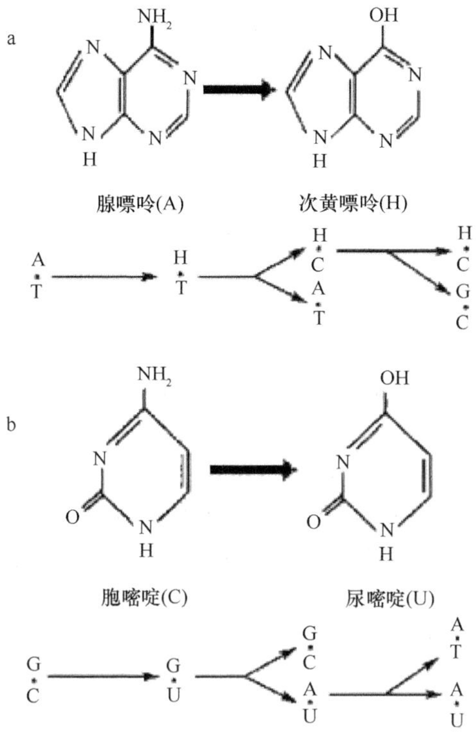

a

腺嘌呤(A)　　次黄嘌呤(H)

b

胞嘧啶(C)　　尿嘧啶(U)

图 2-10　亚硝酸对腺嘌呤和胞嘧啶的氧化脱氨作用导致碱基转换

（a）亚硝酸使腺嘌呤 A 脱去氨基成为次黄嘌呤 H，生成的次黄嘌呤与胞嘧啶配对，使 A-T 转换成 G-C；（b）亚硝酸使胞嘧啶 C 脱去氨基成为尿嘧啶 U，尿嘧啶与腺嘌呤配对，使 G-C 转换成 A-T

由上述可知，腺嘌呤氧化脱氨导致 AT→GC 的转换，胞嘧啶氧化脱氨造成 GC→AT 的转换，所以亚硝酸引起 AT⟷GC 两个方向的转换，因此亚硝酸的诱发突变也能通过被亚硝酸处理所回复。

除了氧化脱氨作用之外，亚硝酸会引起 DNA 分子发生链间交联，推测这是通过重氮络合物对互补链碱基附近的游离氨基起化学作用完成的。据记录，链间交联的相对频率约为氧化脱氨作用的 1/4，但这个比例与 DNA 的结构相关。

五、羟胺及其诱变机制

羟胺（hydroxylamine）是一种羟化剂，是氨分子内的 1 个氢原子被羟基取代后产生的物质，分子式是 NH_2OH，它具有还原性，同许多烷化剂相比具有非常特异的诱变效应，只诱发 GC→AT 的转换。它的诱变作用与胞嘧啶的氨基羟化有关。羟胺在高浓度（0.1～1.0 mol/L）和低 pH（约 6.0）时，能特异地同胞嘧啶的氨基起反应，形成羟化胞嘧啶，羟化胞嘧啶同腺嘌呤配对，从而发生 GC→AT 的转换。

由于它的特异性，即只诱发 GC→AT 的转换，因此，常常用羟胺来鉴别能通过亚硝酸或碱基类似物处理回复的转换突变体究竟是 AT→GC 还是 GC→AT 的突变类型。凡能被羟胺诱发回复的突变是 AT→GC 的转换，凡不能被羟胺诱发回复的转换回复体，说明原来的突变是 GC→AT 的转换。

第四节　突变基因检测与分析技术

一、DNA 测序

DNA 测序（DNA sequencing）技术是最为准确和直接检测突变的方法，对突变的检出率达 100%。第一代测序（Sanger 测序）技术，测序费时费力，而且要使用同位素，不适用于大样本和外显子较多的基因的检测。随着第二代测序（next generation sequencing，NGS）技术的飞速发展，测序所需时间大幅缩短，测序成本大幅下降，使得对已知基因突变位点的检测变得越来越精准、便捷。

二、单链构象多态性技术

单链构象多态性（single strand conformation polymorphism，SSCP）技术的原理是：单链 DNA 分子在中性条件下会形成二级结构，这种二级结构依赖于其碱基组成，即使有一个碱基不同，也可能会形成不同的二级结构并在非变性聚丙烯酰胺电泳条件下有不同的电泳迁移率。日本学者 Orita 等（1989）采用此方法检测复杂基因组中单拷贝 DNA 的多态现象，但由于要使用同位素进行标记并放射自显影，因此操作非常复杂。日本学者 Hoshino 等（1992）对 SSCP 法进行了大胆改进，改用敏感的银染法直接对电泳后的凝胶进行染色，从而使 SSCP 法变得简便、快速，尤其适用于大样本，因此在未知基因的突变分析和临床检测中广泛使用（Michaud et al.，1992；Lenk et al.，1994）。毕向军等（1995）用此法检测肺癌细胞 *p53* 基因点突变；杨平等（1999）利用该方法结合测序对人类 *MINK* 基因进行了分析。该方法的缺点是不能确定突变的精确位置，突变检出率随片段的增长而降低，最适于检测小于 300 bp 的 DNA 片段。另外，该方法需要多次摸索条件以降低假阳性（蔡辉国等，1995）。尽管该方法存在上述缺点，但仍被科研工作者广泛使用，并被不断改进，如优化电泳条件、对大片段先酶切再电泳、与测序相结合等，大大提高了突变检出率（姚海军等，1996）。

三、变性梯度凝胶电泳

双链 DNA 分子在含有一定浓度变性剂的凝胶上电泳时会在一定的时间发生

部分解链，导致电泳迁移率下降，当正常的DNA分子和发生突变的DNA分子之间即使有一个碱基对的差异时，由于其 T_m 值不同，也会在不同时间发生部分解链，从而被分离成两条带，变性梯度凝胶电泳（denaturing gradient gel electrophoresis，DGGE）方法即根据此原理建立的。该方法可检测的片段较长（可达1 kb），对于发生在最先解链的 DNA 区域的突变的检出率可达 100%，但当突变发生在富含 GC 的高熔点区时，则很难用该方法检出突变。为了克服这个缺点，研究者在一条引物链的一端加上一段包含大约40个G-C碱基对的片段，经PCR可得到一端带有G-C串的DNA片段，利用它的高解链温度，在梯度变性凝胶上甚至可以检测原DNA链的GC含量最高区内的点突变。

四、DNA 芯片技术

DNA芯片（DNA chip）技术的原理：把许多已知顺序的寡核苷酸DNA排列在一块集成电路板上，使它们彼此重叠一个碱基并且覆盖整个所需检测的基因，荧光标记的正常和突变DNA分别与两块DNA芯片杂交，由于它们之间至少存在一个碱基的差别，杂交后将会得到不同的杂交图谱，通过共聚焦显微镜分别检测两种 DNA 分子产生的荧光信号就可以确定是否存在突变（Cotton，1997）。该技术是20世纪90年代发展起来的一项集成多种高科技的新技术，虽然还存在许多理论和实际上的问题，但该技术简单快速、自动化程度高，随着 DNA 测序技术及其相关技术的快速发展，DNA芯片技术将会逐渐发挥其巨大潜能，在突变基因检测、图谱构建等生物学领域得以广泛使用。

五、mRNA 差异显示技术

mRNA 差异显示技术也称差示反转录 PCR（differential display of reverse transcription PCR，DD-RT-PCR 或 DD-PCR），它是将 mRNA 反转录技术与 PCR 技术相结合发展起来的一种RNA指纹图谱技术，由Liang和Pardee于1992年首次提出。

该技术实验流程如下：首先提取对照组和实验组材料的总RNA。实验时注意采用无RNA酶的DNA酶在37℃下处理30min以保证所提RNA中无DNA污染。然后在反转录酶作用下，以锚定引物Oligo dT-MN（M为G、A、C中的任何一种，N 为 A、C、G 或 T 中的任意一种）为引物，分别进行反转录获得单链 cDNA（single-strand cDNA，sscDNA）。而后采用随机引物和反转录引物分别进行选择性扩增，经过6%测序胶电泳分离，寻找差异条带。对差异条带进行切胶回收后以其作模板，进行二次扩增；二次扩增可以甄别该片段是不是假阳性，同时使 DNA

量扩增，有利于克隆。克隆到差异片段后对该片段进行 Northern 杂交验证，再次鉴定是否为假阳性片段，鉴定结果为阳性目的片段后对其进行测序。最后以克隆的目的片段为探针，从基因组文库中筛选出相应的全长基因；对该基因进行功能鉴定，以确定该基因是否为真实的突变基因。

这一方法目前被广泛应用，其优点在于速度快，操作简便；灵敏度高，可得到低丰度的 mRNA；可以同时比较两种以上不同来源的 mRNA 样品。其缺点是假阳性率有时高达 70%，重复性差；难以区分差异显示片段中哪一个是已经研究过的基因；得到的差异扩增条带较短，一般在 110～450 bp。所以实验中首先应避免 DNA 污染，注意引物的设计要科学。建议既做 Northern 杂交也做 Southern 杂交相互印证，以尽量减少假阳性，提高实验的准确性。

第五节　利用遗传标记探寻突变基因

植物在内在因素及外在因素的诱导下会发生各种突变，尤其是近年来随着诱变育种技术的应用，人们得到了具有不同性状的突变体。对突变体进行鉴定是进行各项研究的前提。遗传标记是遗传物质特殊的易于识别的表现形式，理想的遗传标记主要包括形态标记、细胞标记、生化标记和分子标记（陈受宜等，1991），应符合以下 4 条标准：①具有较强的多态性；②表现为共显性，能鉴别出纯合基因型或杂合基因型；③对主要农艺性状没有影响；④经济方便，易于观察记载。另外，对于耐盐突变体，它的耐盐性必须达到 3 级以上。

一、形态标记

形态标记指那些可被直接观察到的植物的外部特征特性，如株高、茎、叶、颖壳、芒性、抗病虫害能力、穗长及穗色、籽粒颜色及饱满度等。此种形态标记用于小麦新品种鉴定最简单、最直观、最快捷。参照父母本植株的性状，通过对杂交后代植株农艺性状特点观察，即可进行内在遗传物质组成的筛选与鉴定。例如，李振声等（1982）根据蓝色胚乳性状鉴定小麦中的长穗偃麦草 4E 染色体，仅凭观察种子颜色就可将二体、单体和缺体种子区分开来；武东亮等（1999）依据抗黄矮病基因与毛颖基因具有连锁关系，从而根据毛颖存在与否的形态指标来判定抗黄矮病基因有无。具体到作物耐盐突变品系，一定要和生产上当前推广的耐盐品种，还有新育成的耐盐品系及其父母本一起种在含盐 0.4%或 0.45%的盐池内进行鉴定。被鉴定的新品系的耐盐性要达到 3 级以上方可提交区试。目前所掌握的形态标记数目较少、多态性差、易受环境条件的影响，因此，形态标记一般只用作一种辅助技术。

二、细胞标记

细胞标记主要是染色体核型（染色体数目、大小、随体、着丝点位置等）和带型（C 带、N 带、G 带），主要是用染色体进行鉴别分析。例如，Gill 等（1991）对普通小麦‘中国春’建立了 C 带的标准图，使 C-显带技术的应用更加规范化；亓增军等（2001）利用 C-显带技术对普通小麦-黑麦-簇毛麦染色体易位进行了分析。目前细胞标记技术经济快捷，结果可靠，但是操作比较复杂，染色体标记数目很有限，并且不是所有的染色体都有明显的特征带型，因此必须与其他外源鉴定技术相结合。

三、生化标记

生化标记是指以蛋白质为基础的遗传标记，包括储藏蛋白和同工酶。储藏蛋白包括麦谷蛋白（Glu）和醇溶蛋白（Gli）。麦谷蛋白分为高分子量麦谷蛋白和低分子量麦谷蛋白。由于醇溶蛋白不受外界环境的影响，因此被称为小麦的“指纹”。每一品种，其醇溶蛋白电泳图谱的条带数目、各谱带的相对位置及反映相关基因表达量的染色强度便构成了该品种的麦醇溶蛋白“指纹图谱”，可以用来对耐盐突变体及其亲本进行比较研究。

同工酶的概念是由 Market 和 Moller（1959）提出来的，是指具有相同底物特异性的酶的不同分子形式。同工酶基因定位在小麦染色体工程方面得到广泛应用（高明君等，1995；任晓琴等，1999）。越来越多的同工酶基因在小麦染色体上的定位为利用同工酶标记进行性状和种质鉴定提供了依据。Winzeler 等（1995）研究了六倍体小麦中肽链内切酶 Ep 的多态性及无效等位基因 *Ep-Dlc* 与抗叶锈病基因 *Lr19* 的连锁关系，证明 *Ep-Dlc* 是实际育种工作中能够快速鉴定 *Lr19* 基因是否存在的一个有效遗传标记。国内不少学者利用同工酶标记进行异源染色体的鉴定研究（聂道泰等，1994）。张胜雯等（1997）用与小麦第六同源群有关的 EST-5、a-Amy-1 和分子标记相结合分析了抗白粉病小麦的染色体组型，认为生化标记和分子标记不仅可以用于确定外源片段的存在，而且可以帮助确定染色体组型和外源片段的位置。王立新等（1998）利用小麦叶片过氧化物酶同工酶标记，区分抗、感白粉病小麦品种的特征性酶带。杨靖等（2005）利用细胞色素氧化酶同工酶对相同核背景下的 4 种异质不育系胞质进行标记，以 4 种不育系和保持系小麦幼苗期叶片与乳熟期籽粒为材料，利用同工酶的特异谱带将“三系”区分开来。因此，生化标记在目的基因的初步定位及分子标记辅助选择育种中仍将发挥重要作用，其具有经济方便的优点，但标记数量有限。

四、分子标记

分子标记是指以 DNA 的多态性为基础的遗传标记。与形态标记和生化标记相比，分子标记具有极大的优越性。由于基因组变异极其丰富，分子标记的数量几乎是无限的，在发育的不同阶段，不同组织的 DNA 都可用于标记分析，有的表现为共显性，能鉴别出纯合基因型或杂合基因型。这些优点使得它在生物学的各个领域都有巨大的应用价值。目前主要的分子标记有：原位杂交、限制性片段长度多态性、随机扩增多态性 DNA 和单核苷酸多态性等。

（一）原位杂交

原位杂交（*in situ* hybridization，ISH）技术衍生于 Southern 和 Northern 杂交技术。Gall 和 Pardue（1969）将爪蟾核糖体的 DNA 序列作为探针进行杂交，这是最早的原位杂交技术。其是利用标记的 DNA 探针与染色体的 DNA 杂交，在染色体上直接进行检测的分子标记技术。根据探针的不同，原位杂交分为基因组原位杂交（genome *in situ* hybridization，GISH）和荧光原位杂交（fluorescence *in situ* hybridization，FISH）。

基因组原位杂交以外源供体亲本的基因组 DNA 作探针、受体亲本基因组 DNA 作封阻，用于鉴定外源染色体和片段。例如，Mukai 等（1993）以黑麦基因组 DNA 作探针，利用基因组原位杂交技术鉴定出黑麦的易位片段；程雪妮等（2016）利用基因组原位杂交技术鉴定出小麦-滨麦的附加易位系；李世鹏等（2018）利用基因组原位杂交技术鉴定出小麦-大麦的 2H 代换易位系。

荧光原位杂交利用荧光素标记的特异 DNA 探针，通过荧光信号来鉴别染色体上特定 DNA 序列的数量以及相对位置。例如，裴自友等（2002）利用荧光原位杂交技术定位出簇毛麦的染色体基因；Kenton 等（1993）开发设计探针构建小麦的染色体 FISH 图谱；王丹蕊等（2017）对小麦的 FISH 图谱进行更新，设计开发出新型复合寡核苷酸探针套[AFA-3、AFA-4、pAs1-1、pAs1-3、pAs1-4、pAs1-6、pSc119.2-1、$(GAA)_{10}$]；Lang 等（2019）对‘川麦 62’中 5BL-7BL 和 5BS-7BS 易位染色体的断裂点采用荧光原位杂交技术进行了鉴定。

利用原位杂交技术可以直接确定某一基因（或 DNA 序列）在染色体上的位置，其精度较高，有利于分析植物附加系、代换系以及易位系等多种遗传材料的基因构成以及外源染色体片段的位置等，但其缺点是需要探针和同位素或生物素标记。

（二）限制性片段长度多态性

限制性片段长度多态性（restriction fragment length polymorphism，RFLP）技

术是检测生物不同个体间基因微细差异的可靠方法。它的基本原理是：基因内部个别碱基的突变以及序列的缺失、插入或重排，造成品种间 DNA 的核苷酸序列出现差异，从而导致限制性内切核酸酶的识别位点不同，用特定的限制性内切核酸酶酶切后，不同个体的 DNA 产生大小不同的片段，电泳后通过与克隆的 DNA 片段（探针）杂交和放射性自显影等步骤可以检测到多态性的存在。RFLP 技术的特点是所有生物的检测程序一致，标记数量多，且标记呈简单的孟德尔式共显性遗传，主要应用于各种作物遗传连锁图的绘制和目标基因的标记。迄今为止，各种作物如水稻、小麦、玉米、棉花、大豆、油菜等的连锁图都是用 RFLP 标记绘制的。例如，陈受宜等（1991）利用水稻的 RFLP 连锁图，以 130 个标记为探针，对经 EMS 诱变和盐胁迫反复筛选得到的能稳定遗传的水稻耐盐突变体进行分子生物学鉴定；沈晓蓉等（1998）以 30 个探针对 4 个感病品种（‘Alondra’‘中国春’‘宁麦 3 号’‘扬麦 3 号’）和 4 个抗病品种（‘望水白’‘苏麦 3 号’‘894037’‘895004’）进行了 RFLP 分析检测，定位抗病基因，从而构建抗、感赤霉病小麦的作图群体；张增艳等（1999）成功筛选出与 7XL 上的抗黄矮病基因共分离的 RFLP 标记 psr687、wg380，为分子标记辅助选择育种、解决不同遗传背景下黄矮病基因鉴定困难的问题提供了手段；原亚萍等（2000）用已定位在小麦第二同源群短臂上的探针 psr131 作为追踪大麦 2H 染色体的分子标记进行 RFLP 分析；翁跃进（1999）采用 RFLP 探针，将茶淀红麦耐盐基因定位在小麦 5A 染色体长臂的 Xpsr906 位点上。RFLP 技术成熟，能获得可靠的结果，目前应用很广泛，其缺点是 DNA 用量大，而且对 DNA 质量要求高，需要用到放射性元素，实验操作步骤繁琐，成本较高，对环境和人体有伤害作用（张开慧，2014）。

（三）随机扩增多态性 DNA

随机扩增多态性 DNA（randomly amplified polymorphic DNA，RAPD）技术以基因组 DNA 为模板，以一个随机寡核苷酸序列（通常为 10 bp）作引物，通过 PCR 扩增反应，产生不连续的 DNA 产物，用于检测 DNA 序列的多态性。最初是由 Willims 和 Welsh 两个研究小组同时在 PCR 技术的基础上发展起来的。该方法的优点主要是简单易行、不使用同位素、实验设备简单、周期短，因而受到研究者的普遍欢迎。目前，RAPD 技术已成功地应用于遗传图谱构建、基因定位、品种鉴定、遗传多样性检测、分子标记辅助选择育种、外源染色体（片段）鉴定与标记等方面。

何聪芬等（1996）对 7 个‘中国春’小麦缺体材料以及其核 DNA 进行了扩增，建立了‘中国春’小麦缺体系统的 RAPD 指纹图谱，对于研究小麦的系统进化有重要意义；刘成等（2007）以 4 份普通小麦为对照，以 4 份黑麦为材料，用 RAPD 技术筛出一个特异标记——OPD15940，接着将 *pScD15940* 定位在染色体上

（除端部区域外），结果表明 *pScD15940* 弥散状分布在黑麦整套染色体上；刘守斌等（2003）对 4 种小麦材料进行 RAPD 分析，在含簇毛麦染色体的材料中扩增出一条长为677 bp的特异DNA片段，可用于快速检测小麦中的簇毛麦染色体；吴嫚等（2007）以 3 种冰草（P 基因组）和 4 种小麦（ABD 基因组）为供试材料，从冰草 P 基因组中筛选出了可以鉴别小麦-冰草重组系外源 P 染色质的特异标记——OPC04 和 OPP12；王洪刚等（2001）对 GP143 及其双亲进行 RAPD 分析，从 40 个随机引物中筛选出 4 个引物能够扩增出中间偃麦草亲本的特异 DNA 片段，初步确定 GP143 是一个小偃麦易位系。为消除个体差异从而提高 RAPD 标记的准确性，可将 RAPD 与混合样本分析（bulked sample analysis，BSA）技术相结合，即利用 F_2 群体构建相对性状的两个相应的 DNA 池，再进行随机扩增寻找标记。索广力等（2001）以耐盐性差的‘冀麦 24’和经正定霉素诱变获得的耐盐突变体 8901-17 为材料，利用 RAPD 技术从 280 个引物中筛选出 35 个能扩增出呈明显多态性的引物，同时结合 BSA 方法利用 F_2 相应群体构建了两个耐盐和不耐盐 DNA 池，用上述 35 个引物在对应的耐盐和不耐盐 DNA 池之间进行 RAPD 分析，结果表明只有 OperonQ4 引物的扩增产物是与耐盐突变位点紧密连锁的 RAPD 分子标记。

（四）单核苷酸多态性

单核苷酸多态性（single nucleotide polymorphism，SNP）是指在染色体基因组水平上由单个核苷酸变异引起的 DNA 序列多态性。同一位点的不同等位基因之间常常只有一个或几个核苷酸的差异，因此在分子水平上对单个核苷酸的差异进行检测是很有意义的。SNP 作为一种新型分子标记，具有在基因组中数量多、分布密度高、可高通量自动化检测等优点，随着单碱基突变基因检测技术的发展，其因更为精细而在植物研究中被广泛应用。

王守用（2009）采用 SNP 技术证明 17 份北美大麦的 *Gsp* 基因变异与籽粒硬度之间不存在显著相关性；Bundock 等（2003）通过对大麦细胞色素 P450 基因序列比对分析，成功确认了小麦淀粉合成关键酶基因及淀粉合成相关基因的 SNP 位点并开发了标记引物；Bundock 和 Henry 在 2004 年分析了大麦 α-淀粉酶抑制蛋白基因 *Isa-H1* 的单核苷酸多态性和单倍型，为标记引物的开发奠定了基础；卫波（2006）对小麦抗旱相关基因 *TaDREB1* 的 SNP 进行了检测，并设计特异引物，用缺体-四体系验证后，将该基因定位在 3BS 染色体上；张洪映等（2008）对不同抗旱性小麦品种的抗旱相关基因 *TaPK7* 的 SNP 进行了检测，揭示了该基因与抗旱性的关系；曹廷杰等（2015）利用 Illumina iSelect 90k SNP 标记对 96 个河南省 2000～2013 年审定的小麦品种的遗传多样性和遗传基础进行分析，发现小麦品种间的遗传相似度仍然很高，并且有逐年增加的趋势；陈广凤和田纪春（2015）利用 Illumina iSelect 90k 基因芯片对中国冬麦区 205 份小麦自然群体进行遗传多样性分析，检测到 32 432 个具有多态性的位点，得到 64 864 个等位变异，SNP 位点平均值为 0.26，表明中国冬麦区的小麦遗传多样性非常丰富。

在具体工作中采用遗传标记探寻突变基因，要根据材料的特异性选择针对性很强的方法，有时需要用不同方法相互印证，以提高用遗传标记探寻突变基因的准确性。

第三章　小麦耐盐机制及其遗传改良

近年来，植物耐盐机制研究取得了长足发展。盐胁迫对植物的伤害主要表现在两个方面，其一是渗透胁迫，其二是离子胁迫。当植物遭受盐胁迫时，一方面，植物细胞会合成脯氨酸、甜菜碱等渗透调节物质缓解渗透胁迫；另一方面，植物会通过各种分子机制调节 Na^+在植物体内的运输与分布，借此来缓解离子胁迫。在此过程中，多种信号途径参与了植物响应盐胁迫的信号转导过程。已有研究表明，参与植物响应盐胁迫过程的信号转导途径以及编码某些渗透调节物质的基因在改善植物耐盐性中具有重要作用，因此，克隆这些基因并将其转化至目标作物中具有重要的实践意义。本章将综述植物的耐盐机制及其信号转导途径，介绍常见的基因克隆策略及常用的植物基因转化技术。

第一节　植物耐盐机制的研究进展

盐胁迫使农作物发生一系列复杂的生理生化反应，造成大幅度减产。随着分子生物学技术的不断发展，了解植物的耐盐机制以及植物的耐盐性是十分必要的。盐胁迫对植物产生的影响主要有两个方面：一是渗透胁迫，二是离子胁迫。以往人们对植物耐盐性的研究主要集中在响应渗透胁迫的有机物质积累或响应离子胁迫的各种通道及转运蛋白方面。近年来，关于植物耐盐性信号转导途径方面的研究取得了相当大的进展，利用基因工程技术来改良植物耐盐性也取得了很大进展，本节将主要从以下几个方面阐明植物适应盐胁迫的机制，这也是改良农作物耐盐性的基础。

一、有机物质的合成与积累

渗透调节是植物响应和适应盐胁迫的重要生理机制之一。渗透调节是指由于环境胁迫，植物通过提高细胞内有机或无机溶质的合成与积累，使细胞渗透势发生变化，从而平衡介质或液泡渗透压（张建锋等，2003）。逆境会诱导参与渗透调节的基因表达，形成一些渗透调节物质，提高细胞内溶质浓度，降低水势，使植物能从外界继续吸收水分，维持植物正常生长（潘瑞炽等，2012）。参与渗透调节的物质大致可以分为两类，一类是无机离子，另一类是细胞内合成的有机物质。这些有机溶质种类很多，既可以是多元醇（如甘油、山梨醇、甘露醇）和糖（海藻糖和蔗糖），也可以是一些氨基酸及其衍生物（脯氨酸和甜菜碱）。这些有机溶质中，目前研究较多的是脯氨酸和甜菜碱。

（一）脯氨酸

脯氨酸（proline）是一种重要的有机渗透调节物质。在盐胁迫条件下，多数植物都会积累大量脯氨酸。脯氨酸是盐生植物调节渗透压的一种溶质。除调渗功能以外，它还具有稳定细胞蛋白质结构、防止酶变性失活和保持氮含量的作用。研究表明，在 NaCl 胁迫下，烟草细胞中的脯氨酸占游离氮基酸总量的 80%以上（Binzel et al.，1987）。在严重缺水情况下，高粱叶片中脯氨酸的含量增加了 108 倍，占游离氨基酸的 60%以上。水稻中吡咯啉-5-羧酸合成酶（Δ-pyrroline-5-carboxylate synthetase，P5CS）的基因能够被多种胁迫（如盐、干旱和冷胁迫等）诱导表达，在盐胁迫条件下，*P5CS* 基因的表达量增加，伴随着脯氨酸在细胞中积累（Ginzberg et al.，1998）。当拟南芥受到盐、干旱等胁迫时，*AtP5CS* 转录水平明显升高。将豇豆的 *P5CS* 转入落叶松，转基因植株细胞中脯氨酸含量增加，转基因植株的耐盐性升高（Gleeson et al.，2005）。

（二）甘氨酸甜菜碱

甜菜碱（glycine betaine）是植物中重要的渗透调节物质，在受到盐胁迫、干旱胁迫或低温胁迫时，许多植物积累甜菜碱。积累甜菜碱具有保持细胞与外界环境渗透平衡和稳定复合蛋白四级结构的作用。在植物体内，胆碱经两步催化氧化生成甜菜碱，催化第一步反应的酶是胆碱单加氧酶（choline monooxygenase，CMO），催化第二步反应的酶是甜菜碱醛脱氢酶（betaine aldehyde dehydrogenase，BADH）（梁峥和骆爱玲，1995）。目前研究比较深入的是 *BADH* 基因。植物积累甜菜碱是通过调节其生物合成实现的。例如，经 200 mmol/L NaCl 处理后，菠菜中 CMO 的活性增加了 3 倍；当 NaCl 浓度从零逐渐增加到 500 mmol/L 时，BADH 活性增加了 2~4 倍，相应的其 mRNA 水平也增加了 3~4 倍（McCue and Hanson，1992）。又如，300 mmol/L NaCl 的高盐胁迫可使大麦叶中 *BADH* 的 mRNA 水平增加 8 倍，这种状态会随着盐胁迫的持续而保持；一旦解除胁迫，*BADH* 的 mRNA 含量就恢复到接近正常水平。以上结果显示甜菜碱的积累与盐胁迫密切相关，盐浓度可能与甜菜碱生物合成过程中相关基因的表达呈正相关，进而调控甜菜碱的积累。在实践中，BADH 已被用来提高农作物的抗逆性。转 *BADH* 基因的胡萝卜的耐盐性明显提高（Kuma et al.，2004）；将菠菜 *BADH* 基因转入甜薯，提高了转基因植物耐盐、抗氧化和耐低温的能力（Fan et al.，2012）。

二、调节 Na^+在植物体内的分布

除了渗透胁迫以外，盐胁迫的另一个影响便是离子胁迫。Na^+是盐碱土中的主

要毒害离子。高浓度的 Na^+ 破坏植物体内离子平衡，使细胞代谢发生紊乱，导致植物体生长和发育受到影响，甚至死亡（潘瑞炽等，2012）。解除 Na^+毒害的主要途径包括，抑制 Na^+内流、增加 Na^+ 外排和 Na^+ 在细胞内的区隔化。下面从细胞和分子水平上介绍 Na^+在细胞内的转运。

（一）Na^+内流

由于质膜的负电化学势及胞内 Na^+浓度较低，因此 Na^+内流是一个被动过程，尽管 Na^+通过植物细胞膜内流的机制还未建立起来，但有证据表明，Na^+主要通过 K^+通道进入胞内。植物细胞膜上至少存在两种不同的 K^+吸收系统：低亲和 K^+吸收系统和高亲和 K^+吸收系统，Na^+ 和 Li^+可以与 K^+竞争从而通过 K^+吸收系统进入细胞；高亲和 K^+吸收系统对 K^+的选择性比低亲和 K^+吸收系统高。低亲和 K^+吸收通道蛋白如 AKT1 能够激活 K^+内流，且有较高的 K^+/Na^+选择性，但随着胞外 Na^+浓度的升高，它也能将 Na^+摄入胞内（Sentenac et al.，1992）。而高亲和 K^+吸收通道蛋白 HKT1，最初被认为参与 H^+/K^+协同运输，后来发现它具有协同运输 Na^+/K^+的能力；当外界 K^+浓度在 μmol/L 水平时，它就能吸收 K^+（Rubio et al.，1995）。Amtmann 和 Sanders（1998）在有关植物 Na^+吸收的综述中指出，在高浓度盐离子存在的情况下，非电压依赖型离子通道是 Na^+吸收的主要途径。

（二）Na^+外排

植物细胞将胞质中 Na^+ 跨细胞膜外排也是减少 Na^+对自身产生毒害的一种机制（Blumwald，2000）。在植物中，除了在单细胞藻类 *Heterosigma akashiwo* 中发现了质膜上存在 Na^+-ATPase 之外，大部分 Na^+外排是通过 Na^+/H^+逆向转运蛋白来实现的。Na^+/H^+逆向转运蛋白所需的能量来自质膜上 H^+-ATPase 产生的能量，并且 Na^+/H^+逆向转运蛋白的活性与外界 Na^+浓度和 H^+-ATPase 活性均呈正相关（Niu et al.，1993）。目前，SOS1（salt-overly-sensitive 1）是具有 Na^+外排功能的转运蛋白。其中，对拟南芥中 SOS1 的研究最为深入。AtSOS1 定位在质膜上，调控 Na^+/H^+转运。过表达 *AtSOS1* 拟南芥的耐盐性明显提高（Wu et al.，1996; Shi et al.，2003）。*SOS1* 在其他物种中的同源基因也有类似的功能，如水稻（Martínez-Atienza et al.，2007）、番茄（Olías et al.，2012）等。

（三）Na^+在细胞内的区隔化

植物细胞将胞质中多余的 Na^+转运进液泡进行区隔化是减少胞质中 Na^+的机制之一，细胞内 Na^+/H^+逆向转运蛋白 NHX 是迄今研究得最为深入的参与该过程的蛋白质（Blumwald，2000）。该类蛋白质最早在红甜菜储藏组织的液泡膜上发现，后来在多种盐生和耐盐甜土植物中发现（Verberne et al.，2003）。Apse 等（1999）

研究发现，过量表达拟南芥液泡膜上的 Na^+/H^+逆向转运蛋白基因可使转基因拟南芥在 NaCl 浓度高达 200 mmol/L 的培养基中生长。在盐胁迫下，大多数 NHX 蛋白以 H^+ 浓度梯度作为驱动能量介导 Na^+/H^+ 和 K^+/H^+的跨膜转运，负责将 Na^+ 转运进细胞内的腔室。植物细胞内包含多个同工型 NHX，根据它们序列的相似性和亚细胞定位将 NHX 分为液泡型（I 类）和内涵体型（II 类）两类，大多数植物中都有这两种类型的 NHX（Bassil et al.，2012）。无论是过表达液泡型 NHX（Agarwa et al.，2013）还是内涵体型 NHX（Shi et al.，2008），都能提高过表达植株的耐盐性。

三、盐胁迫下的信号转导途径

植物在盐胁迫条件下的信号转导途径是一个复杂的过程，至今还没有搞清其确切机制，近年来许多科学工作者都致力于这方面的研究。研究表明，蛋白激酶、蛋白磷酸酶、各种转录因子、Ca^{2+}及钙调素等均参与了盐胁迫下的信号转导途径，下面分别加以介绍。

（一）促分裂原活化蛋白激酶信号转导途径

蛋白质磷酸化是植物体内重要的信号转导方式之一，活化的蛋白质通过下游蛋白质的磷酸化反应传递和放大外界信号（金杭霞等，2016）。促分裂原活化蛋白激酶（mitogen-activated protein kinase，MAPK）是一种丝氨酸/苏氨酸蛋白激酶，其与促分裂原活化蛋白激酶激酶（mitogen-activated protein kinase kinase，MAPKK 或 MAP2K 或 MKK 或 MEK）及促分裂原活化蛋白激酶激酶激酶（mitogen-activated protein kinase kinase kinase，MAPKKK 或 MAP3K 或 MEKK）共同组成了 MAPK 级联反应途径，广泛参与植物中逆境胁迫信号的传递，激活抗逆基因的表达，使植物对逆境胁迫产生一定的适应能力（Kong et al.，2013）。典型的 MAPK 级联反应途径通常由 MAPKKK-MAPKK-MAPK 组成，MAPKKK 由膜受体蛋白磷酸化激活后向下游传递信号，但在有些植物中发现了促分裂原活化蛋白激酶激酶激酶激酶（mitogen activated protein kinase kinase kinase kinase，MAPKKKK 或 MAP4K 或 MEKKK），有些 MAPKKK 是被 MAPKKKK 磷酸化并激活的，并非全部是由细胞膜上的受体蛋白激活的（Wang et al.，2014）。

（二）钙神经元信号转导途径

钙神经元（CaN）是一种 Ca^{2+}和钙调素依赖的蛋白磷酸酯酶（PP2B）。在酵母中，CaN 信号通路不同于 HOG1 通路，它是由离子胁迫诱导的信号转导途径。CaN 包括催化亚基（CnA）和调节亚基（CnB），CnB 有 4 个 EF 手相的钙结合位点，CnA 产生催化活性需要 Ca^{2+}-CnB 以及 Ca^{2+}-钙调素复合体。CaN 通过限制 Na^+ 的内流及增强 Na^+的外排来抑制 Na^+在体内积累（Mendoza et al.，1996）。在 Na^+ 胁迫下，K^+吸收通道蛋白转变为高亲和 K^+吸收通道蛋白 TRK1，从而能精确地辨别 Na^+和 K^+，减少 Na^+的内流（Cunningham and Fink，1996）。此外，CaN 可调控 *ENA1*（一种编码质膜上 P 型 ATPase）基因的表达，进而增加 Na^+外流。Pardo 等（1998）把 CnA 和 CnB 共同转入烟草中，发现有活性的 CaN 可提高烟草的耐盐性。

（三）SOS 信号转导途径

SOS 信号转导途径是目前研究得最清楚的植物耐盐机制之一，能够将细胞质中的 Na^+排出或区隔化至液泡中以减轻高盐毒害（陈莎莎和兰海燕，2011）。在拟南芥 SOS 蛋白家族中，已鉴定了 6 个关键基因（*SOS1*～*SOS6*）。定位于细胞质中的 SOS3 和 SOS2 蛋白通过调控质膜上的 SOS1 维持细胞内外 K^+与 Na^+的平衡，增强植物的耐盐性；SOS4 蛋白能够调控 SOS1 和其他离子转运蛋白的活性以及盐胁迫下根毛的发育，从而提高植物的耐盐性；SOS5 蛋白位于质膜外侧，主要通过促进细胞壁发育和增强胞间的连接而发挥调控作用；SOS6 蛋白在调节细胞渗透胁迫和氧化胁迫方面均发挥重要作用（马风勇等，2013）。Shi 等（2003）的研究表明，在拟南芥中超量表达 *SOS1* 后，在盐胁迫下，转基因拟南芥植株木质部蒸腾流中 Na^+明显减少，耐盐性显著增强。

Ca^{2+}是盐胁迫信号传递所需的重要物质，被认为是感受外界环境中高 Na^+信号的第二信使。SOS 信号转导途径中感知钙离子浓度变化的 CBL 蛋白和与之互作的蛋白激酶 CIPK 形成 CBL-CIPK 复合物，CBL 将接收到的 Ca^{2+}传递给 CIPK，被激活的 CIPK 通过磷酸化激活细胞质膜和液泡膜上 Na^+/H^+反向转运蛋白 SOS1 与 NHX 的活性，进而调控细胞质中 Na^+的稳态。Pandey 等（2007）报道在低温、高盐、甘露醇存在、机械损伤和低浓度 K^+胁迫条件下，*AtCIPK9* 基因的表达增强。除了在拟南芥、水稻和玉米中有较多报道外，CBL 和 CIPK 的同源蛋白基因在高粱、白菜、沙冬青、豌豆和棉花等多种植物中也有报道（赵晋锋等，2011）。

（四）其他蛋白激酶参与的信号转导途径

大多数情况下，在盐胁迫及渗透胁迫下的信号转导途径中，蛋白激酶均起关键作用。例如，CDPK1 和 CDPK1a 是植物响应胁迫信号转导途径中的正向调节因子（Sheen，1996）。GSK3/shaggy 类蛋白激酶也参与盐胁迫下的信号转导（Hai et al.，1999）。总之，参与植物信号转导途径的基因在植物对环境胁迫的反应方面发挥了重要作用。这些基因可以调控其他胁迫相关基因的表达，对于了解植物耐盐机制和培育耐盐作物品种均具有重要意义。

第二节　植物抗逆基因分离策略

在自然环境中，植物的生长发育往往受到干旱、高温、低温、盐渍、重金属、氧化等逆境胁迫。以往的学者大多从生理学的角度来研究植物的抗逆机制，近年来，随着分子生物学技术的不断发展，找到关键的抗逆基因是一条研究植物抗逆机制更为直接的途径，因此形成了多种分离抗逆基因的方法，本节对近年来发展起来的分离抗逆基因的方法分别加以综述。

一、基于胁迫前后 mRNA 差异表达的基因分离方法

许多基因在转录水平上响应干旱、高盐或低温胁迫，在胁迫条件下这些基因的转录水平或者上升或者下降，人们认为这些基因的表达变化是与胁迫耐受有关的。目前已克隆的基因大多是通过这种表达差异的特点筛选获得的，其中不乏在胁迫耐受中起关键作用的基因，如 *RD29*（Yamaguchi and Shinozaki，1992）。这类以差异表达为基础的筛选方式主要包括如下几种。

（一）mRNA 差异显示法

Liang 和 Pardee（1992）发明了差异显示（differential display）技术。该方法以 poly-dT 引物为 3′引物，以随机引物为 5′引物，对 cDNA 进行 PCR 扩增，扩增产物经测序胶分离后找出胁迫前后差异表达的基因片段。用这种方法也曾克隆了一些由胁迫诱导表达的基因。然而由于所用引物较短，这种方法采用了退火温度较低的随机 PCR 扩增测序，重复性和稳定性较差，假阳性率较高，限制了它的应用。同时，使用这种方法得到的 cDNA 片段中 3′非翻译区占优势，从而使得序列数据难以在 GenBank 数据库中进行查找和分析。

（二）cDNA-AFLP

cDNA-AFLP（cDNA amplified restriction fragment length polymorphism）技术是先将胁迫前后相同部位组织的 mRNA 反转录成 cDNA 第一条链，然后合成双链 cDNA，用两种限制性内切核酸酶对 cDNA 进行酶切（一般用识别 4 碱基的酶和 6 碱基的酶，以便产生较小的片段），加上双链人工接头，接头和与接头相邻的酶切片段的几个碱基作为引物的结合位点，即引物=接头+酶切位点+2～3 个核苷酸。然后进行特异性的 PCR 扩增，再在高分辨率的聚丙烯酰胺凝胶上分离这些扩增产物，通过 X 光片曝光找到差异表达的基因片段。这种方法的优点是：①能够在短时间内提供巨大的信息量，多态性检出效率高；②假阳性率低，结果比较稳定，重复性好；③引物组合较多，可以大规模地筛选差异表达的基因片段。

（三）cDNA 文库的差示筛选

cDNA 文库的差示筛选（differential screening）的主要原理是以胁迫后植物组织为材料构建 cDNA 文库，其中应当含有由胁迫诱导表达的基因克隆，然后以胁迫前和胁迫后相同组织的 cDNA 第一条链为探针与构建的胁迫后 cDNA 文库进行杂交筛选，找出与两个探针杂交有差异的克隆。这种方法的缺点是很难找到拷贝数低、表达量低的基因，而最容易找到表达量高的基因。

（四）抑制消减杂交

抑制消减杂交（suppression subtractive hybridization，SSH）技术是利用过量的处理前材料的 cDNA 与处理后材料的 cDNA（经酶切后分别连上两种特殊的接头）杂交，然后用与接头互补的引物扩增剩余的 cDNA，从而富集差异表达的基因（Diatchenko et al.，1992）。

二、基于基因图谱和基因序列的基因分离方法

近年来，随着分子标记技术的不断发展，图位克隆（map-based cloning）法成为分离基因的一种有效手段。这种方法，首先是通过遗传作图产生一个高密度的物理图谱，目前对主要农作物和一些模式植物都已经构建物理图谱；然后通过遗传学实验，确定与性状紧密连锁的分子标记；再通过染色体步移（chromosome walking）法找到目的基因。Li 等（2000）在 *SOS* 基因的克隆工作中证明图位克隆法对于寻找胁迫耐受基因是一种极为有效的方法。

根据不同物种染色体基因排列顺序的共线性（synteny），在模式植物拟南芥中已克隆的目的基因有可能排列在农作物的相应位置。因此，可以用下面两种方法获取一些功能基因：①以从一种生物中获得的基因作为探针，分离另一种生物中的同源基因。②根据基因序列的同源性和利用 PCR 技术来分离同源基因。这种方法与同源杂交相比更为简便，只要根据基因序列保守区设计数十个核苷酸长的 PCR 引物，然后 PCR 扩增植物染色体 DNA 或 cDNA，再将所获得的 PCR 产物作为探针，与基因组文库杂交筛选，即可获得所要分离基因的克隆。

三、基于基因加标签的基因分离方法

这种方法是利用转座子或 T-DNA 插入基因的可读框或者调控序列使相关基因失活，产生相关基因的突变体。由于转座子和 T-DNA 的序列是已知的，可以根据这些序列设计引物，可通过 PCR 的方法获得目的基因的部分序列，再进一步克隆目的基因。目前将这一方法用于胁迫耐受基因克隆研究的报道很少，仅见 Wu 等（1996）利

用 T-DNA 插入产生 *sos* 突变体。虽然 *SOS* 基因都不是用该方法克隆的，但是可以想象，随着这一技术的不断发展和完善，其一定会在克隆胁迫耐受基因方面起到很大的作用，因为这种由插入产生的突变体无须染色体步移就可以克隆相关基因。

四、基于基因产物的基因分离方法

（一）用酵母单/双杂交系统克隆基因

常用的基因分离方法大多依赖于对植物突变体表型检测的能力。但是，对于那些必需基因或者突变后不产生表型变化的基因来说，采用上述方法就会漏掉这些基因。另外，有些基因如 *SOS3* 在胁迫耐受中起重要作用，但在胁迫前后的表达量并无变化，因此用一般方法难以克隆到这类基因。以蛋白质-蛋白质相互作用为基础的克隆方法就可以克服这些缺点。酵母双杂交系统就是一个很好的例子，该方法将已知基因的蛋白质作为“诱饵”（bait），与一个 DNA 结合结构域融合，将 cDNA 文库融合到转录活化结构域作为“猎物”（prey）。如果某个基因的 cDNA 编码的蛋白质与已知基因的蛋白质有物理上的相互作用，那么它们就会结合在一起并启动下游报告基因的表达。在 SOS 信号通路的鉴定中，Halfter 等（2000）就通过这种方法发现 SOS2 和 SOS3 之间在物理上有相互作用。一般的方法难以克隆调节逆境胁迫相关基因的转录因子，Liu 等（1998）用酵母单杂交（yeast one-hybrid）技术克隆了 DREB1A 和 DREB2A 两个转录因子的基因。

（二）蛋白质同功能互补克隆法

一些具有最基本生物学功能的基因在生物进化过程中十分保守。这类基因的蛋白质产物在不同物种中的功能甚至可以互相交换。根据这类蛋白质的保守性，发展出了蛋白质同功能互补克隆法，即利用大肠杆菌或酵母营养缺陷型互补的基因克隆方法。这种方法首先将植物的 mRNA 反转录成 cDNA，并将 cDNA 克隆到可在大肠杆菌或酵母中表达的载体上，然后转化具已知营养缺陷突变的大肠杆菌或酵母，在营养缺陷的培养基上筛选可生长的细菌或酵母，则该细菌或酵母细胞中必然含有可与营养缺陷突变体的蛋白质功能互补的植物 cDNA 克隆，所以只要分离出可生长的菌落，即可得到所要分离基因的 cDNA。Lee 等（1999）利用这种方法，分离到了拟南芥中与酵母 DBF2 高度同源的蛋白激酶 AtDBF2，并且证明这种高度保守的蛋白激酶不论在酵母或植物中都是盐胁迫耐受机制中的一种重要成分。

五、基因组学/蛋白质组学/生物信息学方法

随着拟南芥和水稻基因组计划的完成，植物功能基因组学研究日益成为大规

模揭示基因功能和发现新基因的一种新途径。该类方法依据的主要原理是高通量平行监测基因表达（high-throughput parallel gene expression monitoring），常用的研究方法包括 cDNA 微阵列（cDNA microarray）、基因表达连续分析（serial analysis of gene expression，SAGE）以及核表达序列标签（nuclear expressed sequence tag，NEST）。除了这些基于 mRNA 差异表达模式（differential expression pattern）的方法之外，基于蛋白质表达量/质差异的蛋白质组学（proteomics）方法也已应用到水分胁迫的研究中（Cushman and Bohnert，2000）。随着基因组学和蛋白质组学研究的普遍化，有理由相信，盐、干旱和极端温度等胁迫条件下的植物抗逆相关基因将得到鉴定与应用。

第三节　小麦遗传转化研究进展

小麦遗传转化（genetic transformation）技术又称转基因技术（transgenic technology），是将目的基因导入小麦，使之整合在染色体上进行稳定的表达和遗传，从而获得携带目的基因的小麦品系并赋予其目标性状的过程。在现代，通过种植转基因植物以提高农产品的质量和产量已成为全世界的普遍做法。研究人员将具有特殊性状的基因转移到目标受体中，但不改变其遗传背景。第一个植物转化成功的案例是 1983 年在烟草细胞里表达细菌基因（Fraley et al.，1983）。现在水稻和玉米的转化体系已基本建成，然而小麦的遗传转化技术还不成熟。Lorz 等（1985）用聚乙二醇（PEG）法将新霉素磷酸转移酶 II（neomycin phosphotransferase II，NPT II）的基因转入小麦原生质体，获得了具有外源基因活性的抗性细胞克隆。1992 年，Vasil 等采用基因枪法，首次将 *GUS*/*Bar* 基因导入小麦获得了抗除草剂的可育转基因植株，从而开创了转基因小麦研究的先河。小麦遗传转化实验的成功，表明小麦育种可从传统的育种方法逐渐过渡到分子育种阶段。分子育种技术的广泛应用，必将会加速小麦的育种进程，抗病虫害、抗盐/旱的小麦品种随之诞生。

成功的遗传转化取决于小麦受体细胞的全能性，因而组织培养技术和原生质体再生技术是小麦遗传转化的基础。小麦组织培养最早在离体花药组织培养中获得突破，随后，利用幼穗、幼胚、成熟胚、悬浮系以及原生质体等进行离体培养都获得了再生植株。在国内，小麦遗传转化技术发展也很迅速，Cheng 等在 1997 年成功获得可育的转基因植株，1999 年 Xia 等首次报道获得了小麦的稳定胚性组织和转基因植株。在小麦的遗传转化中，农杆菌介导转化法（*Agrobacterium* mediated transformation）和基因枪法（microprojectile bombardment）的应用较为成功。这两种转化方法的前提是将目的基因连接在表达载体上，然后将重组质粒 DNA 通过农杆菌转化或是金粉包裹等途径转移到受体植物内。

一、农杆菌介导转化法

在植物基因工程的发展中，研究清楚和应用比较成功的是根癌农杆菌（*Agrobacterium tumefaciens*）介导的遗传转化。农杆菌 Ti 质粒（包括 Ri 质粒）上有一段转移 DNA（T-DNA 区）和毒性区（Vir 区）。当农杆菌侵染植物时，T-DNA 区在 Vir 区基因产物的帮助下可插入植物基因组中，其携带的基因可在植物基因组中整合和表达。世界上第一例转基因作物——烟草就是在 1983 年利用农杆菌介导转化而来的。Horsch 等（1985）建立了农杆菌介导的叶盘转化法，该法在双子叶植物遗传转化中得到了广泛应用，先后成功获得了转基因马铃薯、番茄和拟南芥等。过去认为，单子叶植物，特别是以小麦为代表的禾本科作物，不是根癌农杆菌的天然寄主，不能转入 Ti 质粒上的 T-DNA 区，因而使用农杆菌转化单子叶植物较难获得成功。

尽管单子叶植物不是农杆菌的天然寄主，但这种障碍并非不可逾越。继农杆菌介导水稻（Hiei et al.，1994）转化成功后，在玉米（Ishida et al.，1996）、大麦（Tingay et al.，1997）、高粱（Zhao et al.，2000）和黑麦（Popelka and Altpeter，2003）中相继取得了成功。对农杆菌转化植物细胞的原理及步骤进行系统研究后发现，小麦（Cheng et al.，1997；Wu et al.，2003a）等单子叶植物可以被农杆菌感染吸附，并且存在能诱导 *Vir* 基因表达的小麦材料。农杆菌介导转化法以转基因拷贝低、遗传稳定以及能够转化大片段 DNA 等优点日益受到人们的关注。目前，这一方法已成为禾谷类作物转基因研究的首选方法。

二、基因枪法

基因枪法又称微弹轰击法（microprojectile bombardment），以火药爆炸、高压放电或高压气体为驱动力，将载有外源 DNA 的金粉（或钨粉）等金属微粒加速射入受体细胞或者组织中，从而将外源 DNA 分子导入受体细胞。基因枪装置如图 3-1 所示。1992 年 Vasil 等首次成功将 *Gus* 和 *Bar* 基因通过基因枪法导入长期培养的小麦胚性愈伤组织，并获得了转基因植株。近几年来，各国的研究人员已相继建立了自己的小麦转化系统，其中，基因枪法仍是小麦遗传转化中应用最多的方法，它具有无宿主限制、靶受体类型广泛、可控度高、操作简便快速等优点。该技术可用植物组织、愈伤组织、悬浮细胞系甚至胚作为转化受体，因此避开了难以利用原生质体培养再生植株的困难，并克服了农杆菌的宿主范围限制。胚性愈伤组织、幼胚、幼穗等几乎所有具有潜在分生能力的细胞均可作为基因枪法的转化受体。

影响基因枪法转化率的关键因素之一是质粒 DNA 的浓度和纯度。DNA 纯度越高，越容易成功获得转化体，这显然是由于高纯度的 DNA 射入受体细胞后整

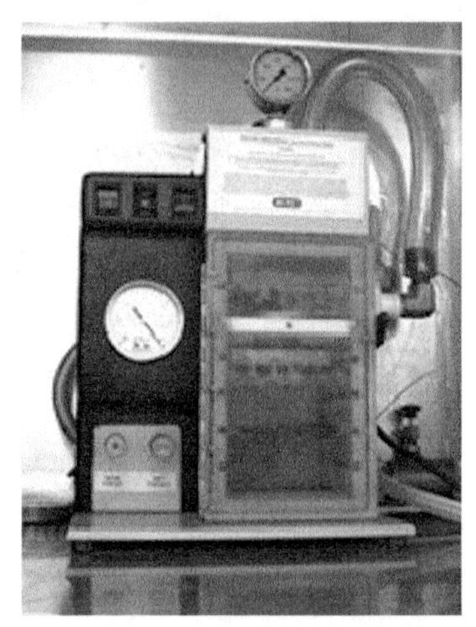

图 3-1　Bio-Rad 公司生产的 PDS-1000/He 型基因枪

合到植物基因组的概率更高。DNA 的浓度对微弹转化率也有影响，有实验报道，DNA 的量提高一倍，不加沉淀剂进行转化，也可得到阳性结果。Klein 等（1987）认为每毫克钨粉含 2.0 μg DNA 具有较好的转化效果。

基因枪法转化率受许多因素的影响，如物理因素、生物因素和环境因素。基因枪的轰击参数，如粒子速度、入射浓度、阻挡板至样品室高度、轰击次数等均是影响基因枪法转化率的物理因素。其中微弹的速度是影响转化率的一个重要因素，它直接决定了微弹对细胞和组织的作用力及产生损伤的程度。不同的植物材料、不同的转化要求，应选择不同的速度。特别需要指出的是，应准确控制微弹的飞行速度和飞行方向，以确保 DNA 微弹载体最有效地射入感受态植物细胞。

三、植物转基因系统的选择策略

（一）转基因系统的评价标准

一个成熟实用的转基因系统应具备以下几个条件（王关林等，1996）。

1）转化率高，即使用该转化系统可获得较高的转化率，并且不影响转化细胞的生长发育和分化，最终获得较多的转基因植株。

2）工作效率高，即使用该转化系统可以在较短的时间获得转基因植株。

3）宿主范围广，即该转化系统适用于多种类型的植物，同时无基因型依赖性。

4）重复性高，即实验结果稳定，对实验条件要求不严格。

5）简单方便，易于操作，即受体材料的组织培养条件和转化的操作过程都比较简单。

（二）植物转基因系统的选择原则

各种转化方法各有千秋，有的仅适用于某些植物种类，研究者应根据受体植物和转基因系统的特点，选择合适的转化方法，在选择时可参考并遵循以下原则（王关林和方宏筠，2002a）。

1）对农杆菌敏感的植物应首选农杆菌介导转化法；原生质体培养容易的植物应该选择直接转化系统；多胚珠植物可使用花粉管导入法；子房中单胚珠较大的植物宜使用显微注射法；转化难度大的植物应采用基因枪法。

2）可根据外植体的特点选择相应的转基因系统，如以整体植株为材料，应采用注射法和花粉管导入法；以叶片为外植体，应采用农杆菌介导的叶盘转化法或基因枪法；以原生质体为受体细胞，则应采用直接转化系统的 PEG 法、电击法等。

3）根据受体植物再生能力选择合理的转基因系统，再生能力强的植物应采用农杆菌介导转化法和直接转化系统，再生能力差的受体植物可采用花粉管导入法或显微注射法。

不同的转基因系统适用的愈伤组织材料不同。基因枪法的特殊性要求小麦品种出愈率高，而且经过抗性筛选过程的多次继代培养后仍然容易再生植株；而农杆菌介导转化法对材料的要求不是很高，只要愈伤组织处于细胞分裂旺盛的快速生长期就可以。这一时期的愈伤组织有较强的抵御和修复损伤的能力，能获得较理想的转化率。

选用幼胚、幼穗为材料，出愈快、出愈率高，且其具有较高的分化能力，较适合进行遗传转化。但其不利之处在于取材受季节和其他条件的限制（只能在小麦开花后 12～18 d 接种）。彭朝华和毛炎麟（1989）证明，小麦的成熟胚作为转化受体也是一种较好的选择。

基因枪法转化要求愈伤组织为均匀一致且生长状态良好的细胞群，仅考虑这一方面，疏松型愈伤组织能够满足这一要求。但是疏松型愈伤组织处于一种疯狂的生长亢进状态，难以进行植株再生；同时外源基因整合入植物基因组有较大的随机性，其机制尚不清楚，整合发生的难易程度可能对细胞生长状态有一定的要求。

（三）两种转基因方法的比较

基因枪法和农杆菌介导转化法都是目前在小麦基因转化中应用最广泛的方法。基因枪法以其受体来源广泛、方法简单等优点，成为现今小麦转基因的主要方法。目前 90%以上的转基因小麦是以幼胚及胚性愈伤组织为受体通过基因枪法转化而来的。基因枪法的优点：操作容易；一次轰击可以转化大量细胞，几乎任何植物组织或细胞都可以使用基因枪法进行转化，转入组织的深度可以通过轰击压力和空间距离来控制，与农杆菌介导转化法相比转化后的愈伤组织污染率较低。缺点：受体材料被轰击后损伤较为严重，所以生长状况不如农杆菌侵染后的理想，转化率较低（一般仅为 0.1%左右）；易形成嵌合体；转入基因的拷贝数是随机的，常常多于一个拷贝，容易使导入的外源基因表达水平降低或沉默；容易将较大片段的基因断裂成小片段。

与基因枪法相比，农杆菌介导转化法具有操作简单、成本低、可转移较大片段 DNA；转化后愈伤组织恢复快、生长旺盛；外源基因的整合多为单拷贝，遗传稳定性好；后代多数符合孟德尔遗传规律等优点，在小麦转基因研究中广泛应用。缺点：对不同材料的侵染程度不易控制，转化后农杆菌对植物组织的污染率较高。迄今为止，农杆菌介导转化法转化小麦所用的基因大多为选择基因或报告基因，有关转化重要农艺性状基因的报道很少。在根癌农杆菌介导的小麦遗传转化中，由于受到外植体基因型、农杆菌侵染浓度、侵染时间、共培养时间、载体类型及筛选方式等多重因素的影响，目前仍然存在转化率低的问题。

无论用哪种方法进行转化，要获得转基因植株均需经过组织培养过程，而小麦愈伤组织的分化能力在很大程度上受基因型影响，这使小麦转化材料的选择受到了很大的限制。同时组织培养过程的影响因素很多，使得这些方法在具体应用中尚存在很大的局限性。因此，与其他作物的转化技术相比，小麦遗传转化技术仍存在较大差距，仍不能作为一项常规技术普遍应用。相信在不久的将来，小麦转化技术会日臻完善，具有各种优良性状的转基因小麦会逐步走向生产。

第四章　小麦耐盐突变体的研究实践

我国的盐碱地面积在世界排名第三，为 5 亿亩以上。河北省的盐碱地总面积约为 1068 万亩，占耕地总面积的 12.07%，是国内盐碱地面积较大的省份之一。随着人口的不断增加，确保粮食安全成为国民经济发展的重要任务之一。目前，摆在全省相关科研工作者面前的任务，一是加强盐碱地的改良和开发利用，二是运用生物技术培育耐盐作物，扩大作物在盐碱地的种植面积，以提高土地资源的利用率，保护和改善生态环境，在推进乡镇振兴中发挥重要作用。小麦是我国主要的粮食作物之一，其栽培面积仅次于水稻，居粮食作物的第二位。扩大小麦在盐碱地种植面积的手段之一就是利用生物技术获得小麦耐盐突变体。一是利用小麦成熟胚培养，二是利用小麦花药培养，前者是二倍体途径，后者是单倍体途径。其中单倍体途径利用化学诱变获得耐盐突变体的概率远远高于二倍体途径，而且加倍后极易获得纯合二倍体，只要农艺性状优良，经过鉴定就可以应用于生产。

我们在 20 世纪 80 年代末采用小麦花药组织培养、EMS 诱变获得了小麦耐盐突变体，并进行了一系列深入研究（沈银柱等，1997）。国内多个单位的研究实践证明 EMS 是一种很好的化学诱变剂，截至目前利用这一诱变剂已取得多项成果（徐艳花等，2010；刘翔，2014；李雪等，2019）。

第一节　获取小麦耐盐突变体的单倍体途径

一、愈伤组织的诱导和诱变

用于诱导愈伤组织的材料必须是经过减数分裂能够提供基因重组多样性的材料。鉴于此，我们选用的起始材料为 8706（濮农 3665×百农 3039）、8707（北京 5532×津丰 1 号）、316（钱尼×7225-6B）和 382（CA8056×丰抗 8 号）4 个杂交种，它们均为小麦品种间杂交的 F_1。经查小麦品种资源耐盐性，鉴定各材料均不具有 3 级以上的耐盐性。实验时，分别选取 4 种材料 F_1 处于单核中期的花药（图 4-1），经 4℃低温预处理 72 h，按常规方法接种并培养在 N_6 诱导培养基上，附加成分是 2,4-D 2.0 mg/L、KT（激动素）0.5 mg/L 和 9%蔗糖，30～35 d 后产生愈伤组织（图 4-2），记录愈伤组织诱导率。所得各材料愈伤组织在无菌条件下切割成 2 mm 见方小块，用 0.4% EMS 诱变溶液浸泡 2 h，经无菌水冲洗 3 次，转入继代培养（N_6 + 2,4-D 1 mg/L + KT 0.5 mg/L + 9%蔗糖）。40～45 d 后统计愈伤组织存活数目（凡能继续生长或在变褐愈伤组织上长出新鲜幼嫩愈伤组织的计为存活）（图 4-3），计算存活率（存活愈伤组织数/接种愈伤组织数×100%）。

图 4-1 小麦单核中期的花药（沈银柱等，1997）（见图版）

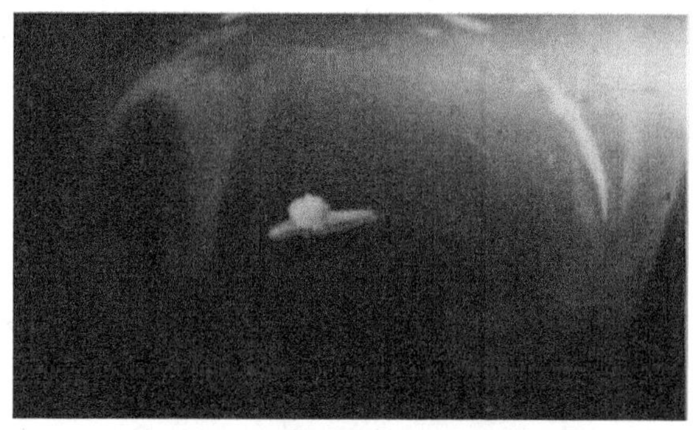

图 4-2 小麦花药产生的愈伤组织（沈银柱等，1997）

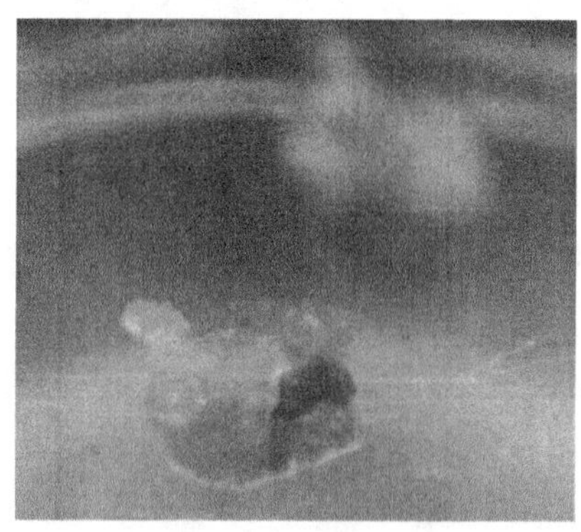

图 4-3 诱变筛选后愈伤组织上产生的突变点（沈银柱等，1997）

实验结果表明，不同基因型材料对 EMS 的反应不同。不同基因型供试材料

8706、8707、316 和 382 的愈伤组织诱导率依次为 5.4%、3.7%、4.7%和 3.0%。这些愈伤组织经诱变冲洗后转移到不含 NaCl 的继代培养基上，它们之间的存活率有明显的差异。材料 8707 和 382 的存活率分别为 95.7%和 77.8%（表 4-1），而材料 8706 和 316 的存活率分别为 66.7%和 41.7%（表 4-1），明显低于前两种材料。这可能与材料 8706 和 316 对 EMS 敏感，诱变剂使其染色体损伤明显增加，从而抑制细胞活动，使细胞分裂延缓或终止有关。说明不同基因型材料对 EMS 反应不一，选择对诱变剂敏感的基因型利于获得新的变异类型。

表 4-1　不同基因型诱变后的愈伤组织在不同培养基上存活率和分化率的比较（沈银柱等，1997）

材料基因型	继代培养基			筛选培养基			含盐分化培养基		
	接种数	存活数	存活率（%）	接种数	存活数	存活率（%）	接种数	再生植株数	再生植株比率（%）
8706	12	8	66.7	8	8	100	8	4	50.0
8707	23	22	95.7	34	26	76.5	20	3	15.0
316	12	5	41.7	14	14	100	9	5	55.6
382	18	14	77.8	14	12	85.7	6	2	33.3

二、诱变后的愈伤组织产生耐盐变异

将前述的诱变后在不含盐继代培养基上能存活的愈伤组织切割后转入含 NaCl 的继代筛选培养基（N_6 + 2,4-D 1 mg/L + KT 0.5 mg/L + 9%蔗糖+ 0.5% NaCl）上。这一培养基的特点是降低了 2,4-D 的含量，目的是让愈伤组织可以继续生长，但又可防止 2,4-D 含量过高产生抑制分化的后效应。所含 NaCl 高于 0.3%，以起到筛选的作用。37 d 后统计存活愈伤组织数目，计算存活率。

结果表明，材料 8706 和 316 是对 EMS 敏感的类型，在不含 NaCl 的继代培养基上存活率较低（表 4-1）。但转入含盐继代筛选培养基和含盐分化培养基之后，它们的存活率和分化率均处于较高水平。前者分别为 100%和 50%；后者分别为 100%和 55.6%（表 4-1）。而材料 8707 和 382 是两个对 EMS 不敏感的类型，试验结果正好相反，经诱变后在不含 NaCl 的继代培养基上存活率较高，转入含盐继代筛选培养基和分化培养基之后，它们的存活率和分化率明显低于另两个材料（表 4-1）。

上述呈负相关的规律性变化说明，诱变剂 EMS 浓度为 0.4%时，对于敏感类型 8706 和 316 来说达到了半致死及以上剂量，具有较好的诱变效果，可以诱发耐盐变异。

三、耐盐愈伤组织的分化及其获得品系的耐盐性表现

诱变、筛选后存活的愈伤组织转入含 NaCl 的分化培养基（附加成分：KT

2 mg/L、IAA 0.3 mg/L、3%蔗糖和 0.5% NaCl)，20～30 d 后统计分化情况。所得绿色耐盐再生植株（图 4-4）炼苗后移栽到一般土壤（含盐量在 0.3%以下，下同），于分蘖盛期利用显微镜检出麦叶气孔长度在 36～54 μm、宽度在 18～24 μm 的单倍体幼苗，将其根部洗净，分蘖节浸入 0.4%秋水仙碱+1.5%二甲基亚砜溶液中，18℃条件下经 8 h，即可达到加倍目的，然后栽入一般土壤（图 4-5）。连续种植 3 代并观察其性状表现，第 4 代播入含盐量为 0.45%的盐池，进行耐盐性鉴定，确定其耐盐级别（图 4-6）。

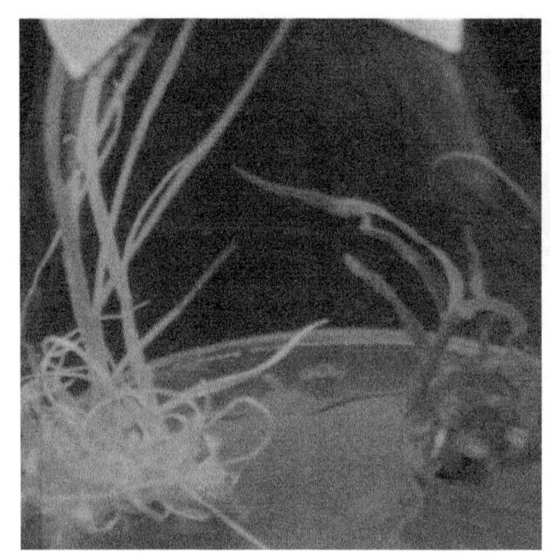

图 4-4　在含盐分化培养基上产生的耐盐再生植株（沈银柱等，1997）（见图版）

图 4-5　加倍后的耐盐再生植株（一般土壤）（沈银柱等，1997）（见图版）

图 4-6　小麦耐盐突变品系的耐盐性盐池鉴定（沈银柱等，1997）（见图版）

本研究所得耐盐再生植株在 H_2 时分别播种在由含盐量为0.7%土壤和一般土壤填充的培养缸内，因播后灌水过多，大部分种子在土中变软霉烂，出苗的也多在苗期死亡，仅种在一般土壤中的材料 8706 存活下来，其连续 3 代，即 RH_1、RH_2 和 RH_3 的株高、穗长与每穗结实粒数明显低于双亲平均值，RH_1 分别为 54.0 cm、5.8 cm 和 24.7 粒；RH_2 分别为 51 cm、6.7 cm 和 29.10 粒；RH_3 分别为 63.4 cm、8.6 cm 和 49.0 粒，结实率若以双亲每穗结实粒数的平均值 53.05 粒作为 100%，RH_1、RH_2 和 RH_3 的结实率分别为 46.6%、54.9%和 92.4%，由此可见 RH_1、RH_2 和 RH_3 的有关农艺性状与双亲相比虽然有明显下降，但 RH_2 相比 RH_1 有所恢复，到 RH_3 已基本正常，结实率已可达到 92.4%，表明了应用耐盐突变体的潜在可能性。

四、耐盐变异品系稳定性的鉴定

由 8706 所得耐盐再生植株在一般土壤上连续种植 3 代后，经过连续选穗、选株育成各品系，1990 年秋时将它们播种在沧州市农林科学院含盐量为 0.45%的盐池内，进行耐盐性稳定性鉴定（图 4-6），根据耐盐系数和耐盐指数评定其耐盐级别。结果表明，一级耐盐品系占所试品系总数的 52.9%（表 4-2）。据大田种植的要求，一、二、三级的均可种植，这样稳定耐盐品系的百分数即可达到 70.5%（表 4-2）。说明利用上述方法可以获得遗传上稳定的耐盐品系。

表 4-2　材料 8706 后代耐盐级别鉴定（沈银柱等，1997）

重复	各耐盐级别的品系数				
	一级	二级	三级	四级	五级
I	22	2	11	7	11
II	28	3	5	6	5
III	22	0	3	4	7
平均	24.0	1.7	6.3	5.7	7.7
占总品系数的百分数（%）	52.9	3.7	13.9	12.6	17.0

注：a）耐盐系数=材料盐处理存活数/材料对照处理存活数（136 株）；b）耐盐指数＝品种 8706 后代耐盐系数/对照品种科遗 26 耐盐系数；c）各级耐盐指数：一级≥1.3；二级 1.1~1.3；三级 0.8~1.1；四级 0.5~0.8；五级＜0.5；d）双亲耐盐级别均为 4 级；e）每种材料设 3 个重复，每重复调查 50 株

五、突变体耐盐性的遗传分析

我们选用在上述实验 3 个重复中均表现为一级耐盐的新品系 RH8706-49，与耐盐性较差的石 86-5094 小麦进行正、反交组合，在含盐量为 0.45%的盐池内，同时播种 RH8706-49、石 86-5094 及其正、反交后代，进行盐碱地模拟鉴定，以耐盐指数评价各材料的耐盐性，结果见表 4-3。实验表明，二者正、反交后代存在

明显异（图 4-7）。其中以耐盐新品系 RH8706-49 为母本的，其杂交后代在苗期、返青期、抽穗期和成熟期的耐盐指数分别为 1.33、1.15、1.15 和 0.61（表 4-3）；而以耐盐性差的石 86-5094 为母本的反交后代，各生育期耐盐指数依次为 0.93、0.97、0.72 和 0.30（表 4-3），明显低于正交后代，但不论是正交还是反交后代，其各生育期耐盐指数的平均值均高于不耐盐亲本（表 4-3）。上述结果说明，RH8706-49 的耐盐性是可遗传的，其杂交后代的耐盐性不仅受核基因的控制，而且与细胞质因子相关。

表 4-3　RH8706-49 与石 86-5094 及其正反交后代耐盐指数比较（沈银柱等，1997）

材料	各生育期耐盐指数				平均
	苗期	返青期	抽穗期	成熟期	
RH8706-49	1.46	1.53	1.40	1.20	1.40
RH8706-49×石 86-5094	1.33	1.15	1.15	0.61	1.06
石 86-5094×RH8706-49	0.93	0.97	0.72	0.30	0.73
石 86-5094	0.88	0.83	0.42	0.22	0.59

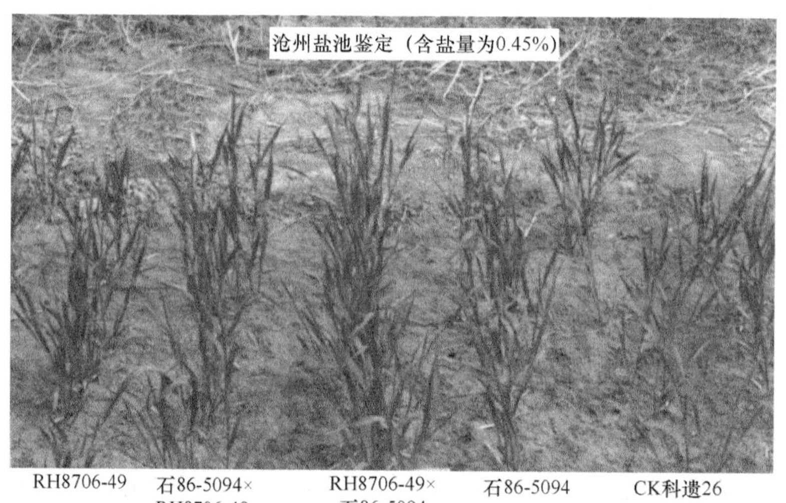

图 4-7　小麦耐盐突变体耐盐性的遗传分析（沈银柱等，1997）（见图版）

第二节　小麦耐盐突变体的鉴定

一、耐盐突变体的遗传分析

小麦属甜土植物，具有中等耐盐性。一般认为，植物的耐盐性是个极其复杂的性状，往往受多基因控制（陈华涛等，2011）。本研究中的 RH8706-49 和 H8706-34 为耐盐性有差别的小麦近等位基因系，这为研究耐盐性的遗传机制提供了好材料。前期研究表明，RH8706-49 的耐盐性优于 H8706-34。

为了研究上述材料耐盐性的遗传机制，1997 年本研究组采用二分法（将每个单株在分蘖期等分为 2 份）和双重对照法，在沧州市农林科学院的甜土池（含盐量为 0.147%）和盐池（含盐量为 0.45%）中同时种植 RH8706-49/H8706-34 F_2 群体的 183 个单株，收获后分别考种，记录单株产量。本实验以‘科遗 26’作为耐盐对照品种（耐盐系数 0.41）。

按文献（秘彩莉等，2000）的方法对 RH8706-49/H8706-34 F_2 群体的 183 个单株测产，计算耐盐指数，划分耐盐级别，结果如表 4-4 所示。

表 4-4　RH8706-49/ H8706-34 F_2 群体的耐盐性分类（秘彩莉等，2000）

耐盐类别	高抗	中抗	敏感
株数	101	64	18

注：其中一、二级为高抗类型，三、四级为中抗类型，五级为敏感类型

χ^2 测验表明，RH8706-49/H8706-34 F_2 耐盐性的分离比符合 9∶6∶1（$0.10 > P > 0.05$），据此推测，RH8706-49 和 H8706-34 的耐盐性可能分别受一对主效基因控制。

二、耐盐突变体的细胞学鉴定

叶绿体是植物光合作用的场所，其完整性直接影响植物光合作用的能力。研究表明，盐胁迫会严重降低植物光合作用的效率（Suo et al.，2017）。为了研究盐胁迫对 RH8706-49 和 H8706-34 光合作用的影响，本实验研究了 RH8706-49 和 H8706-34 在盐胁迫前、后及盐胁迫解除后叶绿体超微结构的变化。

本实验以小麦 RH8706-49 和 H8706-34 为材料。将两品系种子浸泡过夜，用 20℃水培养至两叶一心，然后将幼苗移至 Hoagland 溶液中继续培养 24 h，之后将两品系幼苗转入含 1% NaCl 的 Hoagland 溶液中，分别处理 36 h、48 h 和 60 h 后，再分别移至无盐的 Hoagland 培养液中培养 36 h。取各材料/处理的第二叶中段进行固定、包埋、切片和染色观察（秘彩莉等，2001），结果如图 4-8 所示。

显微观察表明，盐胁迫前，RH8706-49 和 H8706-34 的叶绿体均为长椭圆形，被膜清晰，基粒与基质类囊体方向基本上与叶绿体的长轴平行，类囊体排列整齐。盐胁迫后，RH8706-49 和 H8706-34 的叶绿体结构均受到损伤。盐胁迫 36 h 后，RH8706-49 的叶绿体变为长椭圆形，叶绿体被膜模糊，类囊体排列不整齐；H8706-34 的叶绿体则变为球形，基粒类囊体膨大且发生弯曲，基质类囊体变得模糊不清。盐胁迫 60 h 后，RH8706-49 的叶绿体及其类囊体变化较小，而 H8706-34 的叶绿体多数变为球形，类囊体严重扭曲变形，并出现了囊泡状结构（图 4-8）。以上结

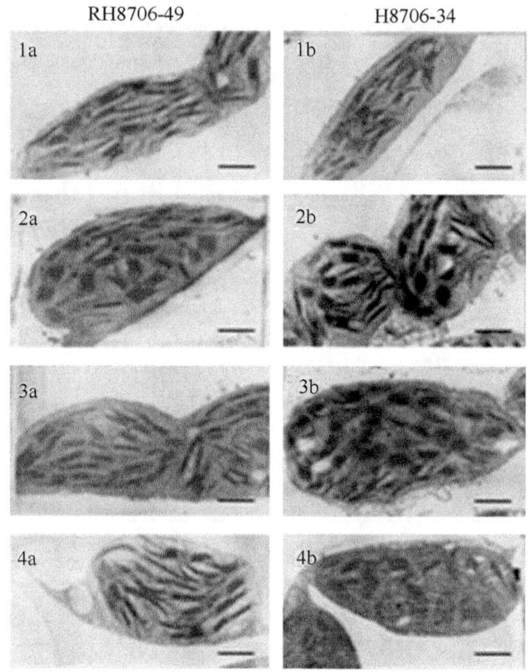

图 4-8　RH8706-49 和 H8706-34 在盐胁迫前、后及盐胁迫解除后叶绿体超微结构的变化（秘彩莉等，2001）（见图版）

1. 对照（未经盐处理），2～4. 盐胁迫 36 h、48 h 和 60 h 后再移到 Hoagland 培养液中培养 36 h（标尺=1 μm）

果说明，盐胁迫后，RH8706-49 的叶绿体受到的伤害较小，而 H8706-34 受到的损伤更严重。

为了比较盐胁迫对 RH8706-49 和 H8706-34 叶绿体的损伤情况，我们对盐胁迫 60 h 后两个材料类囊体膜的损伤情况进行了统计，根据类囊体膜的损伤程度依次将其分为：微溶、中溶和重溶，统计结果见图 4-9。结果显示，RH8706-49 中微

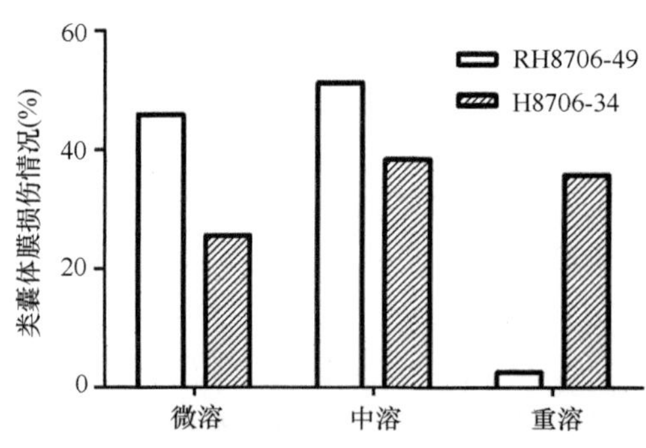

图 4-9　小麦突变体受到盐胁迫后叶绿体损伤情况统计（秘彩莉等，2001）

溶类囊体的比例显著高于 H8706-34，而重溶类囊体的比例显著低于 H8706-34，两个材料中溶类囊体的比例差别不显著。总体而言，RH8706-49 在受到盐胁迫后叶绿体的损伤程度较轻，而 H8706-34 在同样的盐胁迫条件下其叶绿体受到的损伤更大。

盐胁迫解除后，RH8706-49 的叶绿体恢复为较正常的长椭圆形，被膜逐渐清晰，基粒类囊体的排列逐渐趋于正常，原已模糊的基质类囊体也较清楚，特别是类囊体的结构得以恢复（图 4-8 中 4a）。RH8706-49 叶绿体结构的恢复在不同时间盐胁迫解除后都能观察到，而且恢复程度差别不大；而在 H8706-34 中，这种恢复不明显或根本观察不到（图 4-8 中 4b）。

以上结果表明，RH8706-49 不仅在受到盐胁迫后叶绿体受伤害程度较低，而且在解除胁迫后叶绿体的内部结构能得到一定程度的恢复；H8706-34 的叶绿体不仅在盐胁迫后受伤害更大，而且在解除胁迫后其结构较难恢复。这是在细胞水平上 RH8706-49 的耐盐性优于 H8706-34 的一个例证。

三、耐盐突变体的同工酶鉴定

同工酶是生物体内催化相同反应而分子结构不同的酶，是基因行为的标记。

Zhong 和 Dvorak（1995）曾采用逐渐盐胁迫的方法，研究了与小麦耐盐性相关的基因，并把这些基因定位在小麦第一、四、六同源群上。我们对耐盐突变体 974915（即 RH8706-49）及其亲本‘百农 3039’‘濮农 3665’进行了同工酶等电聚焦电泳（IEF）分析，结果表明 α-Amy-1 同工酶和 EST-5 同工酶的酶谱在参试材料间没有明显差异，而定位在小麦 4BL、4DL 和 5AL 染色体上的 β-Amy-1 同工酶的酶谱在供试材料间却有明显差异，耐盐突变体增加了一条不同于其亲本的特异带（图 4-10），这一突变可能是 974915 耐受盐胁迫的内在原因之一（王翠亭等，2001）。

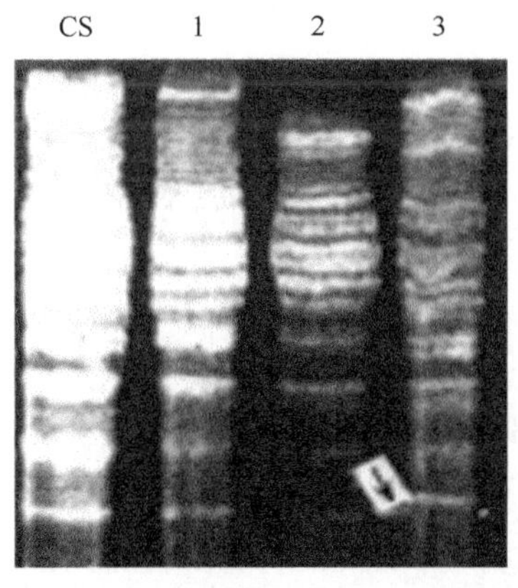

图 4-10　β-Amy-1 同工酶 IEF 图谱（王翠亭等，2001）

CS. 中国春；1. 百农 3039；2. 濮农 3665；3. 974915；箭头所指为突变体 974915 不同于其亲本的特异带

四、耐盐突变体生理指标的研究

（一）SOD 活性的比较研究

超氧化物歧化酶（SOD）是需氧生物细胞中普遍存在的一种金属酶，SOD 与过氧化氢酶、过氧化物酶以及 β-胡萝卜素等物质协同作用，可防御活性氧或其他过氧化物自由基对细胞膜系统的伤害，以减轻逆境盐胁迫对植物细胞的伤害（赵可夫，1993）。因此，植物组织中 SOD 活性的高低及其在逆境中的变化趋势在一定程度上可反映植物抗逆性的强弱。SOD 活性单位为每小时每毫克鲜重叶片的酶活单位数，简单表示为 U/(h·mg)。齐志广等（2002）对已得到的耐盐突变体的 SOD 活性进行了比较研究。

1. 苗期 SOD 活性的比较研究

将 4 种近等基因系的种子于室温（25℃）水培至二叶一心，然后分别移至 0.7% NaCl 溶液中处理 0.5 d、3 d、6 d 和 11 d。选取同一处理时间的不同材料，按照文献（赵可夫，1993）的方法分别测定它们的 SOD 活性，利用各个材料在不同盐胁迫时间的 SOD 活性平均值绘制 SOD 活性-胁迫时间曲线，见表 4-5 和图 4-11（齐志广等，2002）。同时对在不同盐胁迫时间测定的不同材料 SOD 活性数据进行统计分析，新复极差测验结果见表 4-5。

表 4-5　小麦近等基因系二叶一心时期不同盐胁迫时间下 SOD 活性的比较（齐志广等，2002）

材料	盐胁迫 0.5 d			盐胁迫 6 d			盐胁迫 11 d		
	SOD 活性 [U/（h·mg）]	差异显著性（SE=28.25）		SOD 活性 [U/(h·mg)]	差异显著性（SE=37.50）		SOD 活性 [U/(h·mg)]	差异显著性（SE=30.0）	
		5%	1%		5%	1%		5%	1%
H8706-34	248	c	B	267	c	C	382	b	B
H8706-44	481	b	A	491	b	B	541	a	A
H8706-48	573	ab	A	676	a	A	533	a	A
RH8706-49	641	a	A	177	d	C	565	a	A

注：凡是含有相同字母的材料之间没有显著差异，没有相同字母的材料之间存在显著差异（小写字母）或极显著差异（大写字母）

试验结果表明：4 种供试材料 RH8706-49、H8706-48、H8706-44、H8706-34 在非盐胁迫下的 SOD 活性依次为 622 U/(h·mg)、528 U/(h·mg)、383 U/(h·mg)和 188 U/(h·mg)（图 4-11）。经新复极差测验，RH8706-49 与 H8706-48 的酶活性差异不显著（$P>0.05$），而它们与 H8706-44 和 H8706-34 之间的酶活性差异达到极显著水平（$P<0.01$）。经过 0.5 d 的盐胁迫后，4 种材料的 SOD 活性依次为 641 U/(h·mg)、573 U/(h·mg)、481 U/(h·mg)和 248 U/(h·mg)。可见 4 种材料的 SOD

活性都有所提高（表 4-5 和图 4-11），表明盐胁迫下的应激反应是植物对环境适应的表现。不过在 4 个材料中依然是 H8706-34 酶活性最低，这可能与它的 SOD 基础活性最低有关（齐志广等，2002）。随着盐胁迫时间的延长，4 种供试材料中的 H8706-48 和 RH8706-49 的 SOD 活性有所下降，这与超氧自由基的清除需要消耗较多 SOD 有关（齐志广等，2002）；H8706-44 的 SOD 活性变化不大，说明这一材料对盐胁迫不敏感；而 H8706-34 的 SOD 活性有所增加，说明它对盐胁迫比较敏感（表 4-5 和图 4-11）。

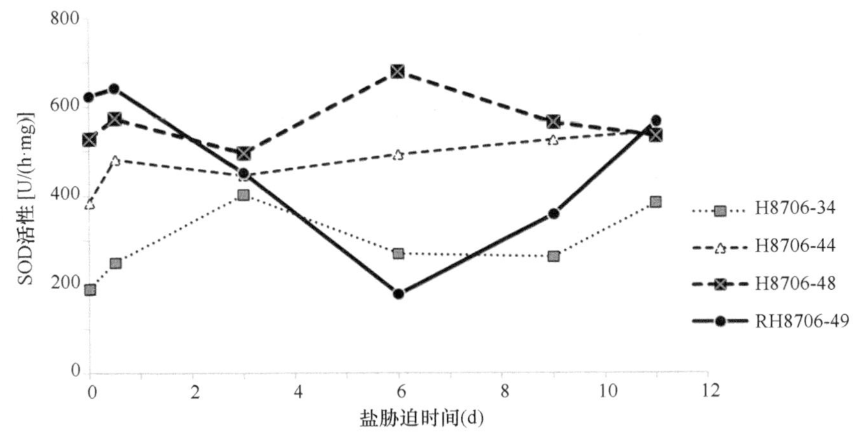

图 4-11　不同盐胁迫时间下几种供试材料的 SOD 活性变化曲线（齐志广等，2002）

当盐胁迫时间延长至 6 d 时，应该说是盐胁迫的关键期，RH8706-49 的 SOD 活性降至最低，活性仅为 177 U/(h·mg)（表 4-5 和图 4-11），说明 RH8706-49 清除超氧自由基的能力达到最大值，因此消耗的 SOD 最多（齐志广等，2002）。

盐胁迫 11 d 时，RH8706-49 的 SOD 活性有显著升高，可能是由于长时间的盐胁迫激活了 RH8706-49 的 SOD 基因，使之过表达。而 H8706-34 的 SOD 活性一直处于下降趋势，到 9 d 时有所上升，不过仍处于较低的水平，可能是由其本身受到盐胁迫的伤害，基因表达受限造成的。H8706-48 在盐胁迫 3 d 后 SOD 活性先升后降，可能也是受到盐胁迫伤害的表现（表 4-5 和图 4-11）。

综上所述，耐盐性最好的 RH8706-49 的 SOD 活性变化较为迅速，变化周期较长，表明其机体的适应能力和对超氧自由基的反应能力强。而耐盐性差的 H8706-34 的 SOD 活性变化较为迟钝，幅度小，可能是因为其机体对超氧自由基的反应能力较差，对盐胁迫的适应性也较差。

2. 拔节期 SOD 活性的比较研究

在小麦拔节期，分别将 4 种小麦材料从大田移栽到培养缸中，培养液为 Hoagland

培养液，培养 7 d 后，小麦已恢复生长，用 10% NaCl 调节培养液，使之盐浓度为 0.7%（齐志广等，2001b）。参照前述方法测定 4 个近等基因系在盐胁迫 7 d时的 SOD 酶活性，结果见表 4-6。进行统计分析，结果见表 4-7。

表 4-6 盐胁迫 7 d 近等基因系的 SOD 活性资料（齐志广等，2001b）[单位：U/(h·mg)]

重复	H8706-34	H8706-44	H8706-48	RH8706-49
I	429.8	425.2	725.1	821.9
II	293.7	302.0	400.2	550.9
III	242.0	294.0	379.4	460.1
IV	330.0	413.2	530.4	596.7

表 4-7 表 4-6 资料的新复极差测验[SE=61.32 U/(h·mg)]（齐志广等，2001b）

材料	平均[U/(h·mg)]	差异显著性	
		5%	1%
RH8706-49	607.4	a	A
H8706-48	508.8	ab	A
H8706-44	358.6	b	A
H8706-34	323.9	b	A

注：凡是含有相同字母的材料之间没有显著差异，没有相同字母的材料之间存在显著差异（小写字母）或极显著差异（大写字母）

从以上统计分析结果可以看出：在小麦拔节期盐胁迫 7 d 的条件下，RH8706-49 的 SOD 活性最高，H8706-48 的 SOD 活性次之，而 H8706-34 和 H8706-44 的 SOD 活性显著低于 RH8706-49。

由此说明：耐盐性强的 RH8706-49 材料，在小麦拔节期具有较强的清除超氧自由基的能力；耐盐性较差的 H8706-34 和 H8706-44 材料，在小麦拔节期清除超氧自由基的能力较弱。RH8706-49 的 SOD 活性为 H8706-34 的 1.875 倍；为 H8706-44 的 1.694 倍（齐志广等，2001b）。

（二）SOD 活性与 K^+含量的相关分析

据报道，钾离子对参与活体内各种重要反应的酶起着活化剂的作用，是多种酶的辅助因子（潘瑞炽等，2003）。而较高的盐浓度（>0.4 mmol/L）由于破坏了保持蛋白质稳定的疏水作用——静电平衡，因此抑制了大部分酶的活性（Wyn and Pollard，1983）。Na^+还破坏 K^+、Ca^{2+}、Mg^{2+}等阳离子的结合位点（Serrano et al.，1996）。因此正常细胞应保持较高的 K^+与 Na^+比例，以解除 Na^+的毒害作用。所以，K^+含量可能与植物耐盐性有关。

我们采用单因素随机区组实验设计，以小麦品系为因素，设 4 个水平，分别是近等基因系 RH8706-49、H8706-34、H8706-48、H8706-44，以小麦灌浆期的取材时间作为重复（区组），设 6 次重复（齐志广等，2004），在小麦灌浆期间分别在田间选取长势一致的不同近等基因系小麦同部位的功能叶片进行钾离子含量的测定和 SOD 活性的测定。钾离子含量利用钴亚硝酸钠比浊法进行测定。SOD 活性测定：按王爱国等（1983）的方法测定 SOD 对氮蓝四唑（NBT）光化还原的抑制作用，以抑制 50%的 NBT 光化还原作为一个酶活性单位。

1. 不同近等基因系的钾离子含量

根据计算得到的钾离子浓度可计算出钾离子含量（表 4-8），计算公式如下：

$$K（\%）=测得的浓度（\mu g/mL）\times（100\times 5/W）\times（100/10^6）$$

式中，W 代表样品干重；$100\times 5/W$ 代表样品制成溶液的稀释倍数；$100/10^6$ 代表将浓度换算成百分数。

表 4-8　不同近等基因系小麦钾离子含量（%）（齐志广等，2001b）

测定时间	RH8706-49	H8706-44	H8706-48	H8706-34
5 月 9 日	0.90	0.64	0.39	0.25
5 月 10 日	1.35	0.96	0.58	0.38
5 月 11 日	0.38	0.46	0.38	0.10
5 月 12 日	0.41	0.69	0.57	0.15
5 月 15 日	0.86	0.42	0.78	0.24
5 月 16 日	1.30	0.63	1.18	0.35

将在不同时间测定的钾离子含量资料进行无重复双因素方差分析，结果见表 4-9。重复（区组）间的 $F=9.4299>F_{0.05}=2.5336$，表明不同时间测定的钾离子含量之间存在着显著差异，这可能是由植物体内不同时间钾离子含量的动态存在差异造成的。近等基因系间的 $F=11.3361>F_{0.05}=2.4205$，表明不同近等基因系之间的钾离子含量存在着显著差异，由于同一区组内钾离子含量测定的环境条件一致，因此该差异能够真实地反映不同近等基因系之间的差异。

表 4-9　不同近等基因系小麦钾离子含量的方差分析（齐志广等，2001b）

指标	SS	df	MS	F	$F_{0.05}$
重复（测定日期）	1.3314	5	0.2663	9.4299	2.5336
处理（近等基因系）	1.9206	6	0.3201	11.3361	2.4205
误差	0.8471	30	0.0282		
总计	4.0991	41			

注：SS 为总体平方和；df 为自由度；MS 为离均差平方和；F 为方差分析的 F 检验值；$F_{0.05}$ 为显著差异的 F 临界值

将不同近等基因系小麦钾离子含量资料进行多重比较，测验不同近等基因系之间的差异显著性（表 4-10）。

表 4-10　不同近等基因系小麦钾离子含量之间新复极差测验（SE=0.0685）（齐志广等，2001b）

材料	钾离子含量（mg/g）	差异显著性	
		5%	1%
RH8706-49	8.68	a	A
H8706-48	6.48	b	AB
H8706-44	6.34	b	AB
H8706-34	2.43	c	C

注：凡是含有相同字母的材料之间没有显著差异，没有相同字母的材料之间存在显著差异（小写字母）或极显著差异（大写字母）

新复极差测验结果表明，一级耐盐的 RH8706-49 小麦品系的钾离子含量最高，为 8.68 mg/g，显著高于二级耐盐小麦近等基因系的含量，极显著高于三级耐盐的近等基因系含量。其钾离子含量为 H8706-34 的 3.572 倍。二级耐盐近等基因系 H8706-48、H8706-44 的钾离子含量之间没有显著差异，处于同一水平，并且显著高于三级耐盐近等基因 H8706-34 的含量。以上分析表明，小麦钾离子含量与耐盐性有一定的相关性，耐盐性强的小麦近等基因系钾离子含量高，耐盐性较弱的小麦近等基因系钾离子含量相对较低。

2. 小麦近等基因系钾离子含量与 SOD 活性的相关性

在测定小麦近等基因系钾离子含量的同时，也测定了不同近等基因系的 SOD 活性，表 4-11 为不同钾离子含量对应的 SOD 活性资料。

表 4-11　小麦近等基因系钾离子含量与 SOD 活性的相关性（齐志广等，2001b）

材料	钾离子含量（mg/g）	SOD 活性[U/(h·mg)]
RH8706-49	8.68	6220
H8706-44	6.34	4810
H8706-48	6.48	5280
H8706-34	2.43	1880

将小麦近等基因系钾离子含量与 SOD 活性资料进行回归分析和相关性测验，结果表明，SOD 活性 y 对钾离子含量 x 的回归方程为 y=641.64x+911.92，2.43≤x≤8.68。相关系数 r=0.8981，表明在钾离子含量为 2.43≤x≤8.68 时，钾离子含量与 SOD 活性呈显著的线性关系。即当小麦近等基因系的钾离子含量每增加 1 mg/g 时，相应的 SOD 活性增加 641.6 个酶活性单位（图 4-12）。

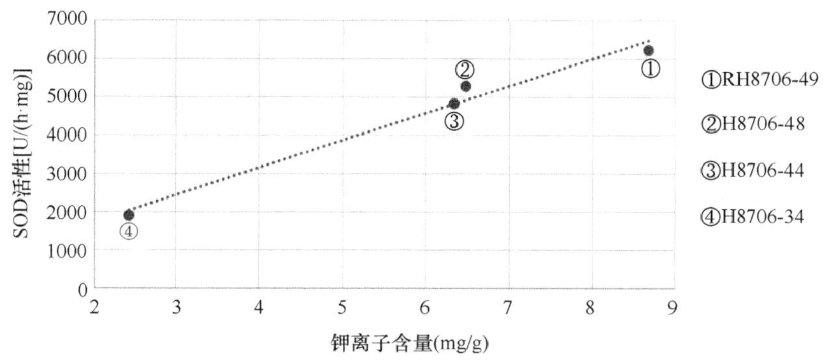

图 4-12　钾离子含量与 SOD 活性的相关分析（齐志广等，2001b）

综上所述，本实验所采用的材料为遗传背景十分相似仅耐盐性有差异的小麦耐盐突变体。实验结果表明，在非盐胁迫下这套耐盐性不同的近等基因系的钾离子含量存在着显著差异，而且耐盐性好的材料 RH8706-49，其功能叶片的钾离子含量高，耐盐性较差的材料如三级耐盐的 H8706-34 功能叶片的钾离子含量较低，因此，表现出小麦耐盐性与功能叶片的钾离子含量呈现一定的正相关。通过对不同近等基因系钾离子含量与 SOD 活性测定资料的相关性分析可知，钾离子含量高时，功能叶片的 SOD 活性高；反之，钾离子含量低时，功能叶片的 SOD 活性也低，呈现极显著的线性相关。李平华等（2002）在研究钾离子对 NaCl 胁迫下碱蓬生长的影响时指出，K^+对于盐生植物碱蓬的耐盐性有重要的作用，盐胁迫下，K^+可能参与了 V-H^+-ATPase 和 V-H^+-PPase 活性的调节。潘瑞炽等（2000）也认为，钾离子对参与活体内各种重要反应的酶起着活化剂的作用，是多种酶的辅助因子。因此根据本实验结果可知，耐盐性不同的小麦近等基因系之间确实存在着钾离子含量的差异和 SOD 活性的差异，而且钾离子含量与 SOD 活性呈线性正相关，可以推断，钾离子可能参与了 SOD 活性的调节。陈桂平等（2001）认为，耐盐性强的小麦近等基因系在非盐胁迫下 SOD 活性高，可能是因为该品系体内钾离子含量高，可以激活 SOD 酶原，使之表现出较高的生物活性，从而增强了植物体的耐盐性。至于钾离子对 SOD 活性的调节机制，有待于进一步从分子生物学及细胞生物学水平上证明。

（三）丙二醛含量

逆境对植物的影响往往伴随细胞质膜及内膜结构的破坏，表现为细胞内电解质大量渗漏出来。大量研究表明：植物遭受盐胁迫后膜被破坏的原因之一是细胞中产生超氧化物自由基及膜中不饱和脂肪酸发生脂质过氧化作用。脂质过氧化作用可产生丙二醛（MDA），其含量在一定程度上可反映植物抗逆性的强弱（沈银柱等，1993）。丙二醛（MDA）含量的测定用硫代巴比妥酸比色法（赵可夫，1993），丙二醛含量的单位为每克鲜重叶片中丙二醛的毫摩尔数，用 mmol/g FW 表示。

在小麦拔节期，分别将 4 种小麦材料从大田移栽到培养缸中，培养液为 Hoagland 培养液，培养 7 d 后，小麦已恢复生长，用 10% NaCl 调节培养液，使之盐浓度为 0.7%。在盐胁迫 7 d 时对 4 个近等基因系及其亲本材料进行 MDA 含量的测定（表 4-12），其方差分析结果为 $F=5.33>F_{0.05}=3.86$。新复极差测验的统计分析结果见表 4-13。

表 4-12 盐胁迫 7 d 近等基因系的 MDA 含量资料（齐志广等，2001b）（单位：mmol/g FW）

重复	H8706-34	H8706-44	H8706-48	RH8706-49
I	0.009 985	0.010 813	0.005 911	0.004 020
II	0.005 468	0.006 345	0.004 312	0.003 199
III	0.003 196	0.003 794	0.001 693	0.002 380
IV	0.004 128	0.004 146	0.003 536	0.003 082

表 4-13 表 4-12 资料的新复极差测验（SE=0.000 636 mmol/g FW）（齐志广等，2001b）

材料	平均（mmol/g FW）	差异显著性	
		5%	1%
H8706-44	0.006 27	a	A
H8706-34	0.005 69	ab	A
H8706-48	0.003 86	bc	A
RH8706-49	0.003 17	c	A

注：凡是含有相同字母的材料之间没有显著差异，没有相同字母的材料之间存在显著差异（小写字母）或极显著差异（大写字母）

从表 4-13 可知，在盐胁迫条件下，耐盐性强的材料 RH8706-49 和 H8706-48，其 MDA 含量都极显著低于耐盐性较差的材料 H8706-44，RH8706-49 的 MDA 含量还显著低于耐盐性差的材料 H8706-34。其中 RH8706-49 的 MDA 含量比 H8706-34 低 44.3%，比 H8706-44 低 49.4%。耐盐性强的 H8706-48 的 MDA 含量比 H8706-44 低 38.4%。

（四）小麦拔节期耐盐突变体细胞质膜透性分析

植物控制物质进出细胞的性质就是细胞质膜透性，生活细胞的物质交换能否正常进行，主要决定于细胞质膜透性能否正常维持，大量研究报道：在逆境中，植物细胞质膜首先受到伤害，导致细胞质膜选择透性被破坏，透性增大，细胞内的无机离子（特别是 K^+）大量外渗，外界盐离子大量进入，造成细胞内离子平衡被破坏，致使细胞代谢失调，正常的生长发育受到影响。显然，外界环境条件相同时，细胞质膜透性大的植物耐盐性弱（沈银柱等，1993）。检测细胞质膜的透性，可以利用电导率仪测定植物细胞外渗物质的电导率，以电解质外渗百分率来表示细胞质膜透性的大小：电解质外渗百分率=细胞外渗液的电导率/质膜完全破坏时细胞外渗液的电导率×100%。

在小麦拔节期，分别将 4 种小麦材料从大田移栽到培养缸中，培养液为 Hoagland 培养液，培养 7 d 后，小麦已恢复生长，用 10% NaCl 调节培养液，使之盐浓度为 0.7%。在盐胁迫下对 4 个近等基因系材料进行细胞质膜透性的测定，其结果见表 4-14。进行统计分析，结果见表 4-15。

表 4-14 盐胁迫 7 d 近等基因系的电解质外渗百分率资料（%）（齐志广等，2001b）

重复	H8706-34	H8706-44	H8706-48	RH8706-49
I	4.21	5.95	3.95	2.81
II	4.55	5.85	4.99	2.80
III	5.23	6.49	4.20	3.14
IV	6.22	5.48	4.73	2.92

表 4-15 资料的新复极差测验（SE=0.2754%）（齐志广等，2001b）

材料	平均（%）	差异显著性	
		5%	1%
H8706-44	5.94	a	A
H8706-34	5.05	ab	AB
H8706-48	4.47	b	B
RH8706-49	2.92	c	C

注：凡是含有相同字母的材料之间没有显著差异，没有相同字母的材料之间存在显著差异（小写字母）或极显著差异（大写字母）

从电解质外渗百分率资料统计分析结果可知，在盐胁迫条件下，耐盐性强的材料 RH8706-49、H8706-48 的质膜透性都极显著低于耐盐性较差的材料 H8706-44，且 RH8706-49 的质膜透性极显著低于 H8706-34；RH8706-49 的电解质外渗百分率比 H8706-34 低 42.2%，比 H8706-44 低 50.8%；H8706-48 的电解质外渗百分率比 H8706-44 低 24.7%。由此可知，在盐胁迫条件下，耐盐性强的材料，其细胞质膜透性低，反之，耐盐性差的材料，其细胞质膜透性高。

上述实验结果表明，根据 SOD 活性高低及其活性与钾离子含量的相关分析，以丙二醛含量和细胞质膜透性为标准衡量植物的耐盐性是完全可行的，为植物耐盐性鉴定提供了室内的方法和依据。

五、耐盐突变体的分子生物学分析

（一）DNA 水平的差异

RAPD 标记具有共显性、多态性高等特点，是作物育种中常用的分子标记之一（张旭等，1998）。为了从 DNA 水平证明突变的真实性，本研究组利用 RAPD 技术分析了突变体及其亲本间的遗传差异。

共用 38 个引物对 5 个突变体及其亲本‘濮农 3665’‘百农 3039’进行了 RAPD 分析，其中 35 个引物有扩增产物，共扩增出 140 个条带；两个引物 OPE12 和 OPT16 的扩增产物在突变体与亲本之间呈现多态性（图 4-13 中箭头所示）。RAPD 技术揭示的是 DNA 水平的差异，因此，本实验从 DNA 水平上证明了突变的真实性。

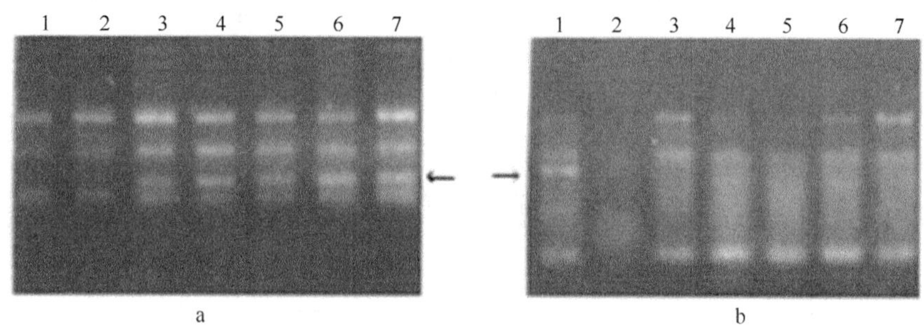

图 4-13 亲本与突变体的 RAPD 分析（秘彩莉等，1999）

（a）引物 OPE12 的扩增结果；（b）引物 OPT16 的扩增结果

1. 濮农 3665，2. 百农 3039，3. H8706-34，4. H8706-44，5. H8706-48，6. RH8706-49，7. H8706-57

继而我们用 218 个引物对 5 个突变体进行了 RAPD 分析，以揭示突变体间的多态性。共有 210 个引物有扩增产物，其中有 6 个引物 OPK11、OPS02、OPS06、OPS10、OPS15 和 OPZ08 在突变体之间呈现多态性。

为了进一步说明突变体之间的变异程度，研究组对各突变体间的多态性进行了统计，并按文献（刘春宇等，1998）的方法计算各突变体间的遗传距离，结果如表 4-16 所示。结果显示，各突变体间的遗传距离均很小，最大的为 0.002，最

表 4-16 各突变体之间的遗传距离（秘彩莉等，1999）

突变体	遗传距离（D）
RH8706-49 与 H8706-34	0. 00081
RH8706-49 与 H8706-44	0. 00040
RH8706-49 与 H8706-48	0. 00040
RH8706-49 与 H8706-57	0. 00160
H8706-34 与 H8706-44	0. 00081
H8706-34 与 H8706-48	0. 00081
H8706-34 与 H8706-57	0. 00200
H8706-44 与 H8706-48	0. 00081
H8706-44 与 H8706-57	0. 00200
H8706-48 与 H8706-57	0. 00120

小的仅为 0.0004，有的材料间甚至利用所有引物都没有扩增出特异条带。突变体间较小的遗传距离说明这些突变体的遗传背景十分相似，可以认为这些突变体是近等位基因系。

（二）小麦耐盐突变体的 cDNA-AFLP 分析

1. cDNA-AFLP 扩增结果

一般进行 AFLP 分析都是以 DNA 为材料，我们为研究小麦耐盐突变体在盐胁迫下的特异表达基因改用 cDNA 进行 AFLP 分析。选取耐盐突变体（SR）RH8706-49 与敏盐突变体（SS）H8706-34 的种子，水培至二叶一心，然后二者分别用清水和 1% NaCl 处理 72 h，届时分别提取 4 个样品的 RNA，反转录得到 cDNA，而后将 4 个样品的双链 cDNA 双酶切并加接头，设计 90 对引物组合进行 cDNA-AFLP 分析，应用 γ-^{32}P-ATP 对引物进行标记，所有组合的选择性扩增产物用 6%序列胶电泳，经放射自显影后，总共获得 4000 多条可见带，其中一个典型的 cDNA-AFLP 选扩结果见图 4-14（Chen et al.，2003a）。

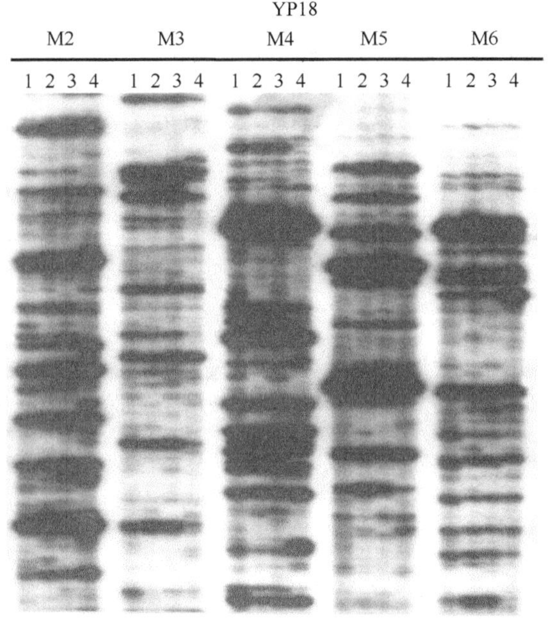

图 4-14　一个典型的 cDNA-AFLP 选扩结果（Chen et al.，2003a）（见图版）

1. SR，清水处理；2. SR，1% NaCl 处理；3. SS，清水处理；4. SS，1% NaCl 处理

2. 差异片段的序列分析和鉴定

对差异表达条带进行回收、PCR 扩增、克隆，鉴定后选取其中 35 个进行测

序。随后进行 Internet 联机检索，经 GenBank Blast 比较，发现 11 个片段（31.4%）与已知基因有较高的同源性，24 个基因片段（68.6%）与已知基因同源性很低或没有同源性，比对结果见表 4-17。

表 4-17 部分 cDNA-AFLP 差异片段在 GenBank 的 Blast 结果（Chen et al.，2003a）

类别	cDNA-AFLP 差异片段	长度（bp）	表达类型	GenBank 基因号	同源基因	*P* 值
离子转运相关蛋白	38	244	SIR	BAA97238	阳离子转运 ATP 酶（cation-transporting ATPase）	1.6e-28
信号转导相关的蛋白	25	181	SIN	O81230	shaggy 类激酶（shaggy kinase）	5.5e-9
	30	149	SAS	Q9M342	蛋白激酶类蛋白（protein kinase-like protein）	2.8e-7
	88	299	SAS	CAC05444	蛋白激酶类（protein kinase-like）	1.4e-18
	100	479	SAS	Q9LLN5	感受器类蛋白激酶（receptor-like protein kinase）	1.4e-46
抗氧化胁迫相关蛋白	12	406	SIR	Q9XEA7	半胱氨酸合酶（cysteine synthase）	4.1e-43
	23	363	SIN	O04980	细胞色素 P450（cytochrome P450）	4.7e-26
	15	294	SIR	BAA95682	NADPH 氧化酶 4（NADPH oxidase 4）	0.71
其他	3	153	SIR	Q9SDC3	类似 DNA 旋转酶亚基 b（similar to dnagyrase subunit b）	2.0e-17
	21	218	SAS	Q9ZTU7	蓝铜结合蛋白（blue copper-binding protein）	7.7e-10
	42	207	SIR	BAB08320	类似 GTP 酶激活蛋白（similarity to GTPase activating protein）	1.1e-15

注：*P*. Blast 值，代表同源性高低；SIN. 盐诱导基因，SAS. 盐抑制基因，SIR. SR 盐胁迫条件下特异表达或表达较强的基因

由此揭示出植物的耐盐性与离子转运相关蛋白基因的表达、信号转导相关蛋白基因的表达、抗氧化胁迫相关蛋白或酶基因的表达有密切关系。

（三）蛋白质水平的差异

1. 麦谷蛋白亚基分析

编码高分子量麦谷蛋白（HMW-GS）的基因位于小麦第一同源群染色体 1A、1B 和 1D 长臂上，分别命名为 *Glu-A1*、*Glu-B1* 和 *Glu-D1*。在‘中国春’（对照）中有 4 条 HMW-GS 带，这些带从大到小依次为图 4-15 中 2 号、7 号、8 号、12 号带，其中 2+12 受 1D 控制，7+8 受 1B 控制。从电泳结果可知，突变体 974915 与其父母本相比，缺少了父母本都具有的 8 号带，而表达了父母本都没有的 9 号带。这表明 974915 的 1B 染色体上可能有突变发生，从而改变了其 HMW-GS 的表达情况。

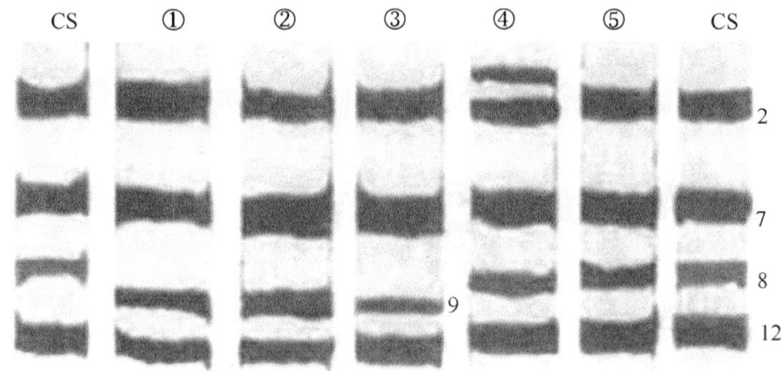

图 4-15　高分子量麦谷蛋白 SDS-PAGE 图谱（王翠亭等，2002）

CS. 中国春，①. 冀麦 24，②. 8901，③. 974915，④. 濮农 3665，⑤. 百农 3039；2、7、8、12 为亲本的特异条带，9 为突变体 974915 不同于其亲本的特异条带

2. 醇溶蛋白分析

小麦中的贮藏蛋白主要有两种：麦谷蛋白和醇溶蛋白，分别占小麦总蛋白质的约 50%和 30%。醇溶蛋白是一个大的蛋白质家族。根据其在双向电泳中的迁移率，醇溶蛋白可分为 α-、β-、γ-和 ω- 4 类（Wrigley and Shepherd，1973）。研究表明，醇溶蛋白可作为一种分子标记研究不同材料间的差异（陈其皎等，2006）。

为了从蛋白质水平上揭示突变材料与亲本间的差异，本研究组将由亲本‘濮农 3665’和‘百农 3039’及其 F_1 经花药组织培养、EMS 诱变得到的 5 个株系 RH8706-49、H8706-34、H8706-44、H8706-48、H8706-57 进行了醇溶蛋白电泳分析，以加拿大硬红春小麦‘Marquis’和‘Nepawa’为对照品种。醇溶蛋白的提取和电泳均参照文献（秘彩莉等，1999）的方法。

电泳结果如图 4-16 所示，5 个突变品系均比其亲本多了一条带（图 4-16 中箭头所示；*Rf*=0.19），突变体的这一特异条带位于 γ 区。研究表明，控制小麦 γ-和 ω-醇溶蛋白合成的基因为位于第一同源群短臂上的 *Gli-A1*、*Gli-B1* 和 *Gli-D1*，控制

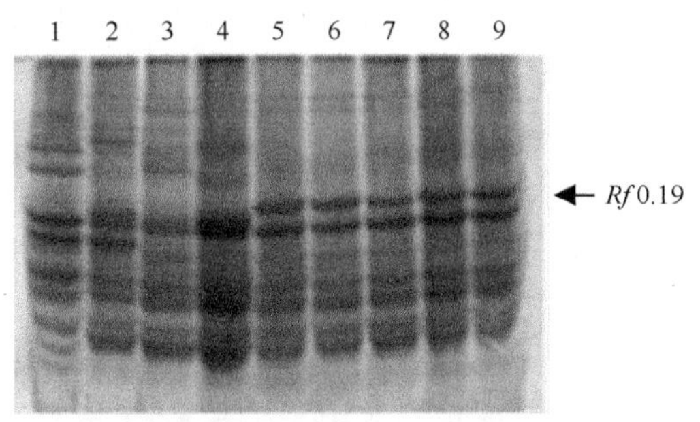

图 4-16　醇溶蛋白电泳分析（秘彩莉等，1999）

1. Nepawa；2. Marquis；3. 濮农 3665；4. 百农 3039；5. H8706-34；6. H8706-44；7. H8706-48；8.RH8706-49；9. H8706-57

α-和 β-醇溶蛋白合成的基因为位于第二同源群短臂上的 *Gli-A2*、*Gli-B2* 和 *Gli-D2*（Payne，1987）。推测这些突变体的突变位点可能在第一同源群染色体组的短臂上。本研究提供了从蛋白质水平上鉴定这些突变品系的方法。

3. 蛋白质组分析

我们实验室多年以来一直从事小麦遗传育种的研究，利用小麦花药组织培养，并通过 EMS 诱变和在盐池中反复筛选，已获得了由“一粒传”后代得来的一系列耐盐性有明显差异的材料（沈银柱等，1997）。经生化标记分析以及 RAPD、PCR-SSCP 和 cDNA-AFLP 等分子生物学技术鉴定发现，RH8706-49 和 H8706-34 在 DNA 水平上发生了突变（秘彩莉等，1999；王翠亭等，2001；陈桂平等，2002）。由于蛋白质才是细胞功能的最后执行者，因此我们希望从蛋白质水平上比较 RH8706-49 和 H8706-34 的表达差异，利用近年来发展起来的双向电泳和质谱技术对这两种材料在盐胁迫前、后进行比较蛋白质组学研究，以期初步获得 RH8706-49 中与耐盐性相关的比较重要的盐应答蛋白。

蛋白质组（proteome）是由 Marc Wikins 于 1994 年首先提出的（James，1997）。它是指由一个基因组（genome），或一个细胞、组织表达的所有蛋白质。和基因组学（genomics）相对，蛋白质组学（proteomics）指的是在大规模水平上研究蛋白质的特征，包括蛋白质的表达水平、翻译后修饰、结构以及蛋白质与蛋白质相互作用等。由于耐盐机制涉及多种基因和大分子的协调作用，与小分子物质积累、离子摄入和区域化以及调渗蛋白、通道蛋白、质膜转运蛋白、晚期胚胎发生富集蛋白等基因表达有关，因此，对耐盐植物盐胁迫下相关基因的表达产物——蛋白质的研究日益受到重视。双向凝胶电泳（two-dimensional gel electrophoresis，2-DE）技术是研究蛋白质组的有力工具之一。应用双向电泳技术将生物样品的总蛋白质进行分离始于 20 世纪 70 年代（O' Farrell，1975）。2-DE 技术是先进行等电聚焦电泳[按照等电点（pI）分离]，然后再进行 SDS-PAGE（按照分子大小分离），经染色得到的电泳图是一个二维分布的蛋白质点图。相比于传统的一维 SDS-PAGE 只按照蛋白质分子大小进行分离，2-DE 在进行 SDS-PAGE 之前增加了根据等电点分离的步骤。由于蛋白质的等电点和分子量大小并没有直接的联系，因此经过等电点聚焦和 SDS-PAGE 分离以后，蛋白质的分辨率得到了极大的提高。早期的双向电泳采用等电聚焦（isoelectric focusing，IEF）胶条进行第一向的分离，这使得电泳结果的重复性很差，且对实验者的实验技能要求极高。改良后商品化的固定化 pH 梯度（immobilized pH gradient，IPG）胶条极大地提高了实验的可重复性，是双向电泳历史上里程碑式的进步。因此科学家就可以通过考染或者银染，比较两块胶上蛋白质点的差异，结合质谱鉴定结果来分析在不同的处理（如激素处理，或者胁迫处理）或者基因型背景下，有哪些蛋白质发生了变化。利用蛋白质双向电泳技术对基因敲除（knock-out）突变体或转基因重组体与野生型个体间蛋白质图谱的差异进行对比分析，可以实现对目的基因功能的分析。

（1）耐盐突变体 RH8706-49 及敏盐突变体 H8706-34 叶片蛋白质组分析

我们将由“一粒传”得到的一对耐盐及敏盐突变体培养至两叶一心，在用 1% NaCl 胁迫 72 h 后对叶片细胞总蛋白质进行 2D-PAGE 分离、考马斯亮蓝染色，用 Image Master Lab Scan v3.01 获取图像。在相同条件下对耐盐突变体 RH8706-49 及敏盐突变体 H8706-34 的实验组及对照组分别进行 3 次重复电泳，方法详见文献（霍晨敏等，2004），其总蛋白质的分布模式非常相似。耐盐及敏盐突变体叶片总蛋白质双向电泳图谱如图 4-17 所示。

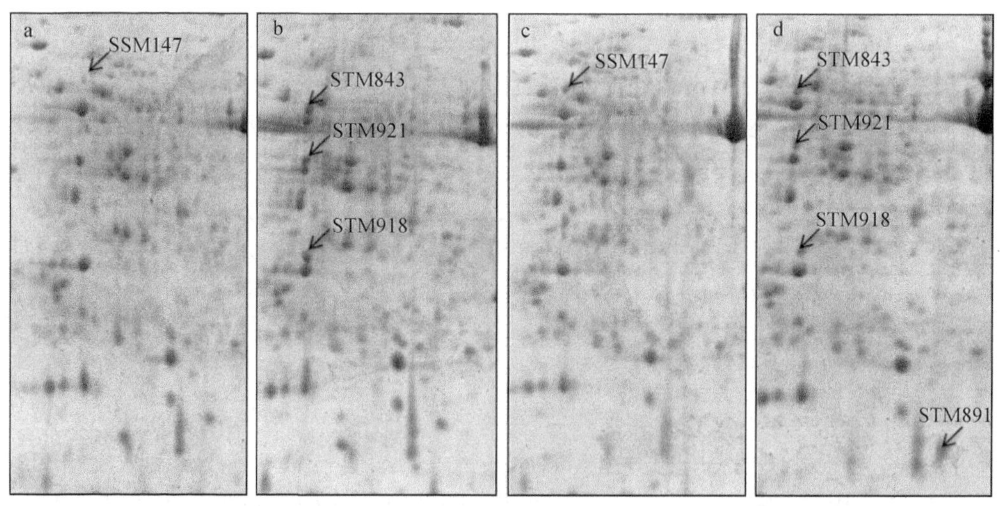

图 4-17　叶片总蛋白质双向电泳部分差异蛋白质点放大图（霍晨敏等，2004）（见图版）

（a）敏盐突变体对照组；（b）耐盐突变体对照组；（c）敏盐突变体实验组；（d）耐盐突变体实验组

耐盐（RH8706-49）及敏盐（H8706-34）突变体实验组及对照组的凝胶图像分辨率均可以达到（970±10）个蛋白质斑点，应用 Image Master 2D v2002.01 软件分析，结合肉眼观察，叶片总蛋白质中敏盐突变体有 1 个点（SSM147）未匹配，耐盐突变体有 4 个（STM843、STM921、STM918、STM891）点未匹配。

将上述 5 个差异蛋白质点酶解后进行 MALDI-TOF-MS 肽质量指纹图谱分析，精确标定强度为基底峰强度 2 倍以上的峰，去除角蛋白峰和胰蛋白酶自切峰，使用 Matrix Science 的 Mascot 软件搜索 NCBI 和 SWISS-PORT 数据库的 Green Plants，结合 Image Master 2D v2001.1 分析软件得到的表观等电点、分子量和互联网上的 2D-PAGE MAP 进行综合分析，结果见表 4-18。

表 4-18 差异蛋白质 Mascot 分析（霍晨敏等，2004）

编号	登录号	分子量	得分	蛋白质名称
STM843	gi|67834	53 881	122	H^+-ATPase B 亚基（H^+-transporting two-sector ATPase B chain-wheat chloroplast）
STM921	gi|755762	46 902	114	谷氨酰胺合成酶前体Ⅱ（glutamine synthetase 2 precursor [*Hordeum vulgare*]）
STM918	gi|15408655	35 068	77	OEC33（putative 33 kDa oxygen evolving protein of photosystem II [*Oryza sativa* (japonica cultivar-group)]）
STM891	gi|11990893	19 729	134	RuBP 羧化酶小亚基（ribulose-1,5-bisphosphate carboxylase/ oxygenase small subunit [*Triticum aestivum*]）
SSM147	gi|67834	53 881	236	H^+-ATPase B 亚基（H^+-transporting two-sector ATPase B chain- wheat chloroplast）

STM843 和 SSM147 蛋白迁移率明显不同（STM843：68.574 kDa；SSM147：64.568 kDa）（图 4-17a，b），但比对结果相同（表 4-18），均为 H^+-transporting two-sector ATPase β chain-wheat chloroplast（53.881 kDa），且 SSM147 蛋白比 STM843 蛋白的分值高，除了人工标峰所造成的误差有影响之外，是否预示二者的翻译后修饰不同，或者耐盐突变体中 H^+-ATPase B 亚基的某些位点发生突变而导致蛋白质的迁移率改变，这种改变是否影响酶的活性，有待于进一步实验证明。

Hoshida 等（2000）证明谷氨酰胺合成酶前体Ⅱ（GS2）在转基因水稻中可以提高植物的耐盐性。在转 GS2 的株系 G39-2 中，GS2 的积累量为对照的 1.5 倍，可以提高光呼吸率。在用 150 mmol/L NaCl 处理两星期时，对照株完全失去光系统Ⅱ（photosystemⅡ，PSⅡ）活性，而 G39-2 仍保持 90%的活性，但缺失 GS2 的 G241-2 在一个星期内即丧失 PSII活性。另外，细胞内 NH_4^+与 Na^+的浓度与 GS2 的水平高度相关。Hoshida 认为 GS2 对转基因植物的保护是对光呼吸所产生 NH_4^+ 的吸收能力提高的结果，同时 PSII对电子的利用防止了其传递给氧造成氧化伤害。在本实验对照组中，耐盐突变体（RH8706-49）谷氨酰胺合成酶前体（STM921）的表达量明显多于敏盐突变体（H8706-34）（图 4-17a，b），盐胁迫 72 h 后耐盐突变体中此蛋白质的含量下降（图 4-17d），敏盐突变体用相同的方法染色仍然不能检测到该蛋白质（图 4-17c）。因此我们可以推测在盐胁迫下，耐盐突变体储存大量的谷氨酰胺合成酶前体，有利于在盐胁迫下及时供应谷氨酰胺合成酶以促进脯氨酸合成，使得耐盐突变体在盐胁迫下能够保持正常的水势，这对于维持膜系统的功能有重要作用。根据我们实验室以前的研究结果：敏盐突变体叶绿体膜对盐胁迫更为敏感，在 1% NaCl 胁迫 36 h 即表现为重溶，而耐盐突变体仅表现为微溶，在解除盐胁迫之后，耐盐突变体叶绿体的外部形态和内部结构都得到一定程度的恢复，而敏盐突变体恢复程度不高或难以恢复（秘彩莉等，2001），说明叶绿体膜的稳定性是衡量植物耐盐性的一个指标。由此进一步证实谷氨酰胺合成酶可以促进脯氨酸合成，而脯氨酸在细胞质中的积累有利于解除 Na^+对细胞的伤害。

OEC33 是光系统II的一个组成元件，由核基因编码，属于多基因家族。在拟南芥中 OEC33 由 *psbO* 基因编码（Jain et al.，1998）。*psbO* 基因具有两个内含子，编码由 332 个氨基酸组成的前体蛋白，成熟蛋白质具有 247 个氨基酸，*psbO* 基因的表达具有组织特异性，在拟南芥的幼苗中受光调节。Yamamoto 等（1998）发现 OEC33 可能通过阻止 D1 蛋白与相邻的蛋白质聚集而减少 D1 蛋白受到的光损伤，从而稳定 PSII的整体结构。与 OE23 和 OE17 的转膜仅依赖 pH 梯度不同，OEC33 由胞质溶胶向叶绿体的转运还需要 ATP 供能。与 Rubisco 的小亚基相似的是，OEC33 转运的发生依赖于一种附着在叶绿体表面的蛋白激酶（Yuan and Cline，1994）。当 OEC33 前体蛋白去往叶绿体时，蛋白激酶会把特定的丝氨酸和苏氨酸残基磷酸化，磷酸化位点通常是 OEC33 蛋白的基质锚定区，而 OEC33 蛋白的去磷酸化发生在转运过程彻底完成之后。本研究中的 OEC33 是耐盐突变体在盐胁迫下特异表达的蛋白质（STM918）。由此我们推测由于 OEC33 由胞质溶胶向叶绿体的转运是一个需要磷酸化和去磷酸化等一系列反应的过程，在高盐胁迫下，这一过程的放慢有利于维持叶绿体膜的结构稳定，减少 ATP 的损耗，是植物的适应机制，其结果是积累了大量的 OEC33，初步认为这是耐盐突变体适应盐胁迫的机制之一。

RuBP 羧化酶是植物重要的光合酶之一，NaCl 抑制叶片中 PEP 羧化酶和 RuBP 羧化酶活性，是 NaCl 抑制非盐生植物光合作用的主要原因之一。至今未见 RuBP 羧化酶小亚基与耐盐性有关的报道。Shen 等（2003）取水稻叶鞘蛋白做双向电泳分析发现，在水稻受到机械伤害 0～48 h 中 Rubisco 小亚基的表达量上升。在本实验对照组中，耐盐突变体中 Rubisco 小亚基（STM891）的表达量与敏盐突变体无明显差别（图 4-17a，b），盐胁迫 72 h 后耐盐突变体中此蛋白质的含量无变化，而敏盐突变体中此蛋白质下降到不能检测到的水平（图 4-17c，d），说明 Rubisco 小亚基的稳定表达可能对于提高耐盐植物的耐盐性有重要作用。

（2）耐盐突变体 RH8706-49 及敏盐突变体 H8706-34 根系蛋白质组分析

植物根部是应对盐胁迫的首要部位，根部对 Na^+的选择性吸收/外排和区隔化对于植物响应盐胁迫具有重要作用。已有的植物生理生态学与分子生物学研究表明，部分 Na^+通过依赖电压的非选择性阳离子通道或 Na^+转运蛋白进入根部，但多数 Na^+可能被质膜 Na^+/H^+逆向转运蛋白或 Na^+-ATP 酶泵回培养介质中。根部细胞内的部分 Na^+通过液泡 Na^+/H^+逆向转运蛋白被区隔至液泡中，其余 Na^+则通过木质部运送至地上部分。然而，目前人们对植物根部应答盐胁迫的精细调控机制还不清楚。已有的转录组学分析虽然为揭示植物根部响应盐胁迫的网络调控机制提供了一些重要信息，但是由于存在 mRNA 可变剪切与蛋白质翻译后修饰等过程，细胞中 mRNA 的水平并不能全面代表蛋白质的表达水平与状态，在蛋白质水平研究植物根部响应盐胁迫的机制非常必要。因此，我们对耐盐及敏盐突变体利用 1% NaCl 胁迫处理 3 h 后，提取幼根总蛋白质，进行双向电泳分析。结果表明，所有双向电泳胶图中能分辨的斑点数达到 500 个左右。可能由于处理时间较短，耐盐突变体 RH8706-49 幼根总蛋白质中仅有 STMR1 和 STMR2 两个斑点在盐胁迫后表达量有明显上升的趋势，而敏盐突变体这两个相应位置斑点的表达量上升趋势并不明显（图 4-18）。

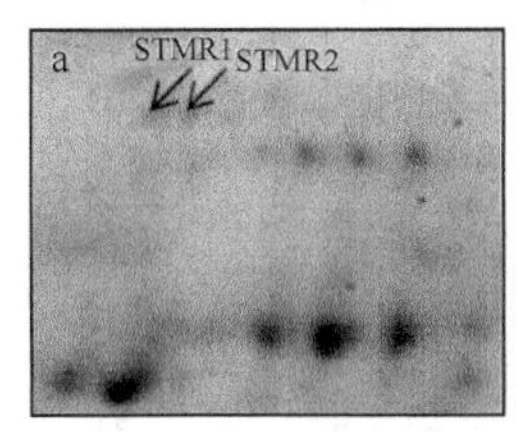

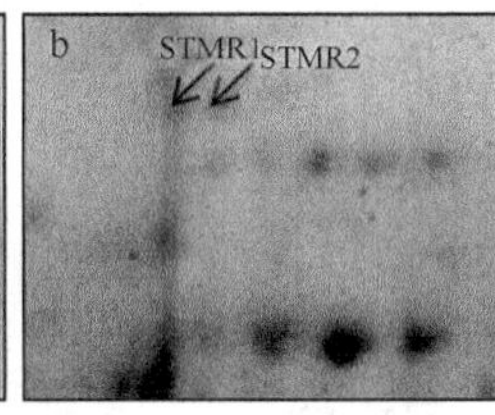

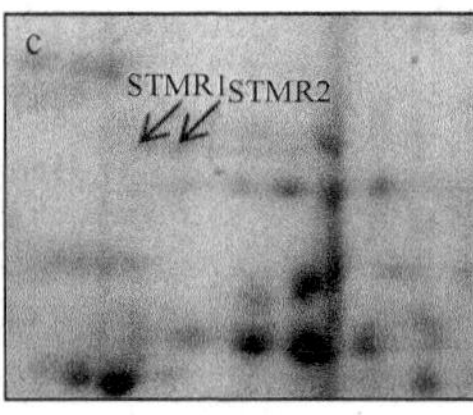

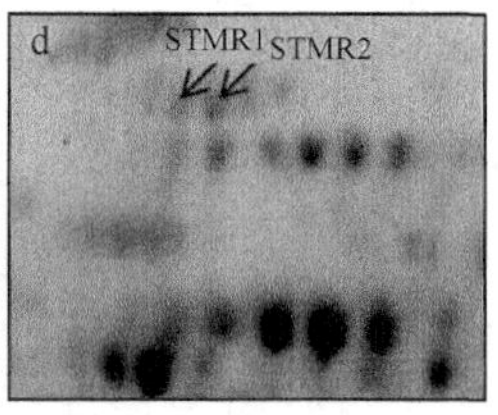

图 4-18 根部盐处理 3 h 总蛋白质双向电泳中部分差异蛋白质点放大图（霍晨敏，2004）
（a）敏盐突变体对照组；（b）耐盐突变体对照组；（c）敏盐突变体实验组；（d）耐盐突变体实验组

将上述 2 个差异蛋白质点酶解后进行 MALDI-TOF-MS 肽质量指纹图谱分析，利用 NCBI 进行比对，结果表明 STMR1 和 STMR2 两个斑点均与大麦的液泡膜质子泵 ATPase 亚基 A 高度同源（表 4-19）。

表 4-19 盐胁迫 3 h 差异蛋白 Mascot 分析（霍晨敏，2004）

编号	登录号	分子量	得分	蛋白质名称
STMR1	Q9FS11	68 758	78	vacuolar proton-ATPase subunit A [*Hordeum vulgare*]
STMR2	Q9FS11	68 758	67	vacuolar proton-ATPasc subunit A [*Hordeum vulgare*]

由于总蛋白质中膜蛋白的含量较低，而信号转导早期的元件多为膜结合蛋白，因此为了得到与盐胁迫下信号转导有关的微粒体蛋白，我们继而比较了小麦耐盐突变体 RH8706-49 和敏盐突变体 H8706-34 根部微粒体的蛋白质组。分别从清水培养和 0.8% NaCl 胁迫 72 h 的小麦根中提取微粒体蛋白进行双向电泳分析。在 pI 为 3～10（NL）、分子量为 15～100 kDa 的条件下分离了大约 470 个蛋白质点。盐胁迫后，小麦耐盐突变体 RH8706-49 与胁迫前以及敏盐突变体 H8706-34 相比，许多蛋白质上调表达，也有部分蛋白质下调表达，表明 RH8706-49 在耐盐性方面与 H8706-34 存在差异是植物体受盐胁迫影响后大量蛋白质协同表达变化的结果。我们所关注的是小麦耐盐突变体 RH8706-49 受盐胁迫后明显上调表达的蛋白质。如图 4-19 所示，15 号蛋白质在 H8706-34 受盐胁迫前看不到表达，盐胁迫后有所表达，在 RH8706-49 中，盐胁迫前只有微量表达，而盐胁迫后表达量激增，表明 15 号蛋白质本底表达量较低，受盐胁迫诱导表达，且在耐盐突变体中受盐胁迫诱导程度较高；18 号蛋白质在 4 个处理组中均有所表达，总体来看，在 RH8706-49

中表达量高于在 H8706-34 中的表达量，盐胁迫后的表达量高于胁迫前的表达量，表明 18 号蛋白质不仅有组成型表达，还受盐胁迫诱导表达；23 号蛋白质和 24 号蛋白质在 H8706-34 中不论是盐胁迫前还是盐胁迫后均检测不到表达，而在 RH8706-49 中，盐胁迫前 23 号蛋白质有微量表达，24 号蛋白质能够看到明显表达，盐胁迫后这两个蛋白质均显著地上调表达，表明这两个蛋白质可能是耐盐突变体 RH8706-49 特异表达的蛋白质，且强烈受盐胁迫诱导表达。

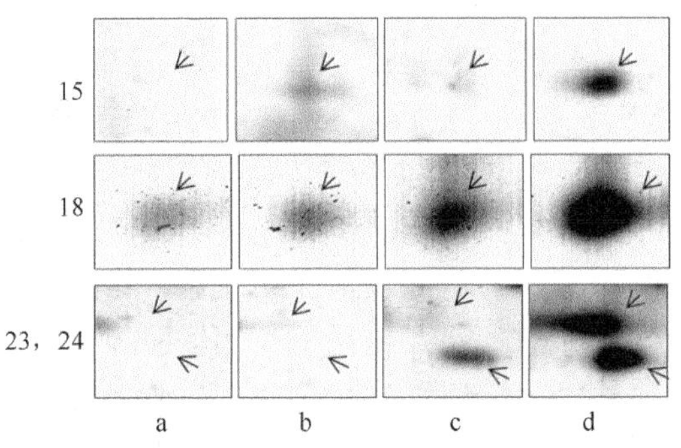

图 4-19　小麦根部微粒体蛋白双向电泳图（赵芊，2008）

a. 未经受盐胁迫的 H8706-34 双向电泳；b. 经受 0.8% NaCl 胁迫的 H8706-34 双向电泳；c. 未经受盐胁迫的 RH8706-49 双向电泳；d. 经受 0.8% NaCl 胁迫的 RH8706-49 双向电泳

应用 MALDI-TOF-MS 技术对 15 号、18 号、23 号和 24 号蛋白质进行质谱分析，结果见表 4-20。这 4 个蛋白质在盐胁迫后表达显著增强，15 号蛋白质质谱鉴定为小麦亲环素，18 号蛋白质质谱鉴定为 V-H^+-ATPase E 亚基，二者在耐盐突变体中的表达量均明显高于在敏盐突变体中的表达量。23 号蛋白质质谱鉴定可能为磷脂酰肌醇-3-激酶，24 号蛋白质质谱鉴定结果为阴性，可能与小麦蛋白数据库极不完善有关，也可能是这个蛋白质是新的未知蛋白质，还需经氨基酸测序加以确定。

表 4-20　小麦根部微粒体差异蛋白 Mascot 分析（赵芊，2008）

编号	MW/pI	得分	相似度	匹配度	登录号	蛋白质名称
15	24 864/9.58	76	32%	10	gi|32401384	亲环素（cyclophilin [*Triticum aestivum*]）
18	26 359/6.57	187	53%	18	gi|4099148	V-H^+-ATPase E 亚基（YLP [*Hordeum vulgare*]）
23	94 052/6.34	61	15%	9	gi|24711346	磷脂酰肌醇-3-激酶（Phosphatidylinositol 3-kinase [*Brassica napus*]）
24	42 524/6.1	42	18%	5	gi|57863797	未知蛋白质（unknown protein [*Oryza sativa*（*japonica* cultivar-group）]）

液泡在植物细胞中有重要的生理作用，如产生和维持植物细胞的渗透压，储存代谢产物和调节抗逆性的形成等。高等植物细胞的拒 Na^+方式主要是由质膜和液泡膜上的 H^+-ATPase 作用形成跨膜质子电化学梯度，在该动力的作用下 Na^+/ H^+

逆向转运系统转运 Na^+进入液泡内和将 Na^+运出细胞外。植物液泡膜的 H^+-ATPase 是一种 V 型 H^+-ATPase（V-H^+-ATPase），是一种多亚基膜蛋白，由膜外可溶区（V1）和膜结合区（V0）组成。V1 区包括 8 个亚基（A～H），具有 ATP 水解功能，V0 区包括 6 个亚基（a、c、c′、c″、d 和 e），构成质子跨膜通道。V1 区和 V0 区紧密偶联，分离后酶活性即丧失。其中 V-H^+-ATPase 的 A 亚基和 B 亚基各自 3 个拷贝形成膜外游离的头部，是执行 ATP 水解的关键部位，A 亚基分子量为 63～73 kDa，包含一个核苷酸结合序列：GXXXXGKT。

对于非盐生植物，V-H^+-ATPase 的亚基表达并不受盐胁迫调节：300 mmol/L NaCl 胁迫下大麦根部细胞 V-H^+-ATPase E 亚基表达稍有增加，而叶片的 E 亚基表达没有变化（Dietz et al.，2003），盐胁迫不影响拟南芥 V-H^+-ATPase D 亚基的表达（Kluge et al.，1999）。NaCl 胁迫可以诱导耐盐甜菜及盐适应的甜菜悬浮细胞 V-H^+-ATPase A 亚基和 C 亚基的协同表达（Kirsch et al.，1996），也可以诱导盐适应的烟草悬浮系细胞 V-H^+-ATPase A 亚基的表达（Narasimhan et al.，1991）。耐盐突变体（RH8706-49）在盐胁迫早期 V-H^+-ATPase 的 A 亚基含量明显增多（图 4-18），与盐生植物类似，推测这可能是 RH8706-49 更加耐盐的原因之一。在盐胁迫晚期，V-H^+-ATPase 的 E 亚基含量明显增多（图 4-19），本研究室的赵芊等通过转基因技术将小麦 V-H^+-ATPase E 亚基转入拟南芥中过表达来分析转基因植株的耐盐能力，发现转基因拟南芥在盐胁迫下的萌发率比对照高，根长比对照长，成体植株的耐盐能力也比对照强（Zhao et al.，2009）。对转基因拟南芥 V-H^+-ATPase 活性和细胞 Na^+含量的测定表明，E 亚基的过表达可引起 V-H^+-ATPase 全酶活性的升高，同时影响 Na^+含量变化，进而促进植株耐盐性的提高，证明 V-H^+-ATPase E 亚基对 RH8706-49 耐盐能力的提高起到了重要的作用。本结果从蛋白质组学的角度补充了耐盐突变体（RH8706-49）的耐盐机制，并证明耐盐突变体（RH8706-49）是难得的极有研究价值的一个遗传材料。

第三节　由小麦耐盐突变体分离的耐盐相关基因

一、小麦谷氨酰胺合成酶前体Ⅱ基因

（一）小麦谷氨酰胺合成酶前体Ⅱ基因的克隆与功能分析

本研究是在河北师范大学生命科学学院遗传室前期工作的基础上进行的，通过对同一株小麦进行花药组织培养、EMS 诱变获得小麦耐盐突变体 RH8706-49 和敏盐突变体 H8706-34，均为小麦“一粒传”后代。通过双向电泳对突变体进行差异表达蛋白的研究，发现谷氨酰胺合成酶基因 *GS2* 表达有明显差异。谷氨酰胺合成酶前体在植物体中参与了谷氨酰胺合成酶循环，是同化铵的关键酶，在它的作用下可以生成谷氨酸，进一步可以合成脯氨酸，后者是植物受到盐胁迫后产生的参与细胞渗透调节的小分子有机物，同时 GS2 对光呼吸所产生 NH_4^+的吸收能力高，有利于保护 PSII的活性。所以 GS2 是可以提高植物耐盐性的一个重要的蛋白质。

研究发现，在营养液中 NaCl 的胁迫下，水稻的根和叶中谷氨酰胺合成酶（GS）的活性降低，但叶中 GS 活性对 NaCl 浓度的敏感性大于根（李常健，1999）。NaCl 浓度影响植物的生长和氮素同化酶的表达，但是如果由于某种突变，改变了 *GS* 基因的调控模式，使它在盐胁迫下的表达量仍然很高，那么含有该突变基因的植株就会对盐胁迫具有一定的抗性。Hoshida 等（2000）证明在转基因水稻中 GS2 可以提高植物的耐盐性。在转 *GS2* 基因的株系 G39-2 中，GS2 的积累量为对照的 1.5 倍，可以提高该株系的光呼吸率。在用 150 mmol/L NaCl 处理两星期时，对照株完全失去 PSII（光系统II）活性，而 G39-2 仍保持 90%的活性，缺失 *GS2* 的 G241-2 在一个星期内即丧失 PSII活性。另外，细胞内 NH_4^+和 Na^+的浓度与 GS2 的水平高度相关。GS2 对转基因植物的保护是因为对光呼吸所产生 NH_4^+的吸收能力提高，同时 PSII对电子的利用，防止其传递给氧造成氧化伤害，而光呼吸所产生的 H_2O_2 可以被过氧化物酶体清除。

cDNA 末端快速扩增（rapid amplification of cDNA end，RACE）技术以分子生物学中应用最广泛的聚合酶链反应（PCR）技术为基础，用部分已知的 cDNA 序列扩增出未知部分 5′端和 3′端的 cDNA 序列，因此该方法也称为锚定 PCR 和单边 PCR。

RACE 的引物包括锚定引物和基因特异引物。在 3′-RACE 中，Q0、Q1、QT 为 3 个锚定引物，Q1 引物含有 *Hind*III、*Sst* I 及 *Xho* I 的酶切位点，Q0 与 Q1 通过一个核苷酸重叠，两者组合后再加上 17 个 Oligo dT 序列就构成了 QT 引物（5′-Q0-Q1-TTTT-3′）；GSP1、GSP2 为两个基因特异引物，根据已知的 cDNA 部分序列设计而成。

3′-RACE 的过程如图 4-20 所示，以 QT 反转录总 RNA 得到 cDNA 第一条链；再用 Q0 与 GSP1 以 cDNA 第一条链为模板进行第一轮 PCR 扩增，得到双链 cDNA；最后用“嵌套”引物（Q1 与 GSP2）进行第二轮 PCR 扩增，防止产生非特异性扩增产物。

5′-RACE 过程与 3′-RACE 略有不同（图 4-20），首先多设计了一个用于反转录的基因特异引物 GSP-RT；其次在酶促反应中，增加了反转录和加尾步骤，即先用 GSP-RT 反转录 mRNA 得到 cDNA 第一条链后，用脱氧核糖核酸末端转移酶（TdT）和 dATP 在 cDNA 5′端加 PolyA 尾，再用 QT 引物合成 cDNA 第二条链。其他同 3′-RACE 过程，用 Q0 与 GSP1（GSP-RT 上游引物）扩增 cDNA，最后用“嵌套”引物（Q1 与 GSP2）进行第二轮 PCR 扩增，以提高特异性。

经 3′-RACE 与 5′-RACE 扩增得到的双链 cDNA 用限制性内切核酸酶酶切，

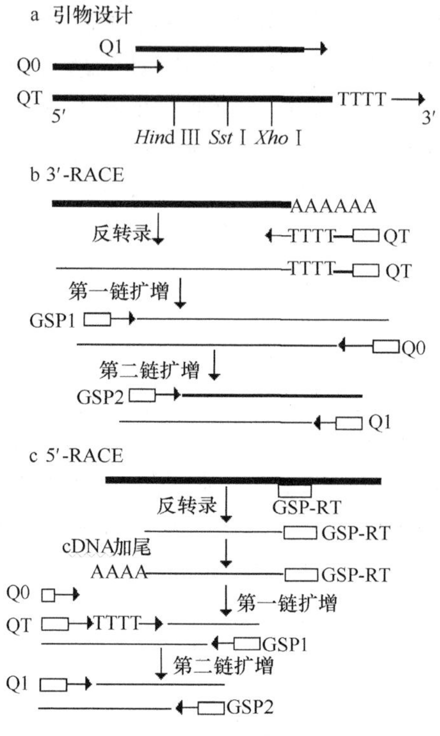

图 4-20 RACE 方法的原理（韩娜，2005）

利用由原来已知 cDNA 部分序列的探针进行 Southern 印迹分析，检测扩增获得的序列是否为目标基因 cDNA。对同源序列进行克隆，即得到 5′端和 3′端特异的 cDNA 产物。最后由两个有相互重叠序列的 3′-和 5′-RACE 产物可获得全长 cDNA；或者通过分析 RACE 产物的 3′端和 5′端序列合成相应的引物，再扩增出全长 cDNA。

尽管 RACE 方法有许多优点，但要成功地进行 5′-RACE 过程是很困难的，总的来说，失败的原因有两个：第一，该方法有三个连续的酶反应步骤：反转录、TdT 加尾和 PCR，每一步都有可能导致失败；第二，即使是酶反应步骤能顺利进行，也常常会产生大量非特异性或是截短的产物背景。因此，自 RACE 技术出现以来，研究人员在其应用过程中对它进行了不断的改进和完善，摸索出了许多改良方法（Liu and Gorovsky，1993；Racine，1993），各大生物技术公司相继推出了 RACE 试剂盒，这些试剂盒的应用，使 RACE 技术广泛应用于未知基因的克隆。利用 5′-RACE 方法扩增到钙通道基因的 5′端已有报道（金晓琳等，1999）。

本研究首先进行 3′-RACE 过程，方法如下：首先对实验样品进行预处理，然后利用 RNA 提取试剂盒提取突变体小麦叶片总 RNA，对提取的 RNA 进行质量检测，用分光光度计测 RNA 的浓度及 OD_{260}/OD_{280}、OD_{260}/OD_{230}，同时进行 MOPS 电泳，质量合格可进行下一步实验。根据其他种的同源 GS2 序列进行引物的设计，

3′-RACE 过程中用到的引物有反转录引物：a1# 5′-AAGCAGTGGTATCAACGCAGAGTAC（T）$_{30}$MN-3′；PCR 引物：a2# 5′-AAGCAGTGGTATCAACGCAGAGTAC-3′；p1：5′-GAGGTCATGCCTGGTCAGTGGG-3′。

采用反转录酶进行反转录合成 cDNA 的第一条链，采用日本 TaKaRa 生物工程公司生产的 rTaq 酶，按照试剂盒说明书进行 PCR 反应。在美国 MJ Research，Inc，PTC-100^{TM}PCR 扩增仪上进行扩增，然后对 PCR 产物进行回收及纯化。按 $CaCl_2$ 标准方法制备 DH5α 的感受态细胞，将通过 3′-RACE 过程得到的 RNA 片段与 T 载体（P^{GEM-T}）进行连接，将连接产物转化至感受态细胞中，通过蓝白斑筛选鉴定转化子，快提质粒，鉴定重组子并测度。最终得到 GS2 3′端 808 bp 序列（去掉测序引物和接头）：GAGGTCATGCCTGGTCAGTGGGAGTACCAGGTTGGACCTAGCGTTGGTATTGATGCGGGAGACCACATATGGGCTTCAAGATACATTCTCGAGAGAATCACGGAGCAAGCTGGTGTGGTGCTCACCCTTGACCCAAAACCAATCCAGGGTGACTGGAATGGAGCTGGCTGCCACACAAATTACAGCACATTGAGCATGCGCGAGGATGGAGGTTTCGACGTGATCAAGAAGGCAATCCTGAACCTTTCACTCCGCCATGACTTGCACATAGCCGCATATGGTGAAGGAAACGAACGGAGGTTGACAGGGCTACATGAGACAGCTAGCATATCAGACTTCTCATGGGGTGTCGCGAATCGTGGCTGCTCTATTCGTGTGGGGCGAGAGACTGAGGCAAAGGGCAAAGGATACCTGGAGGACCGTCGCCCGGCCTCGAACATGGACCCATACACCGTGACGGCGCTGCTGGCCGAGACCACGATCCTGTGGGAGCCGACCCTCGAGGCAGAGGCCCTCGCTGCCAAGAAGCTGGCGCTGAAGGTATGAAGGACCTGAAAAGGCCGAATTCTTCCGGGGAAAAGAAAATAAATCGGCGAGACCGTTGGCCGTCCATTCTTGTTGATCCTGTGGTTCCGTCGGGGCACTGTCTGTACAAAATCCTCACAGTTTGTAGAACCACTTCGCATGTTTTTCGCTTGAACTGAGTCCATTTGATCTGTTGGGTCTGTACACTGTACCTGAGTCCATTCGGAGAACTACGTTATTAAAAGGATAATGAATCACAGAAAAAAAAAAAAAAAAAAAAAAAA。

5′-RACE 过程难度较大，多次实验均以失败告终，最终采用改良的 5′-RACE 技术路线：将总 RNA 用小牛肠碱性磷酸酶（CIP）去除 5′端磷酸，为后面的连接反应提供了截短了的 mRNA。注意：CIP 不对全长 mRNA（即有帽子结构的 mRNA）起作用。

用烟草酸焦磷酸酶去除完整的全长 mRNA 中帽子结构，处理后留下的 5′端磷酸对于连接 RNA 寡核苷酸链是必需的。

在 mRNA 的 5′端用 T4 连接酶连接 RNA 寡核苷酸，此 RNA 序列是已知的，因此，在 mRNA 反转录成 cDNA 后，提供了一个已知的引物位点。

用 AMV 反转录酶或 SuperScript^{TM} 反转录酶和一个 Oligo dT 引物或随机引物进行反转录合成 cDNA 的第一条链。

用 PCR 扩增 5′端，采用一个基因特异引物和一个 GeneRacer^{TM} 5′端引物（和 GeneRacer^{TM}RNA Oligo 是一致的），只有连上 5′端接头的并被完整反转录的 mRNA

才能用于 PCR 扩增，如果需要可进行巢式 PCR。

将 PCR 产物进行连接转化，然后测序。

运用上述技术路线对 *GS2* 基因 5′端序列进行扩增、连接载体、转化，然后对转化子进行测序，共得到 1166 bp 的克隆片段：ACATGGACACCACGCCCTTCACCGACAAGATCATCGCCGAGTACATCTGGGTTGGAGGATCTGGAATTGACCTCAGAAGCAAATCAAGGACGATTTCGAAGCCAGTGGAGGACCCGTCAGAGCTACCGAAATGGAACTACGATGGATCGAGCACAGGCCAGGCTCCTGGAGAAGACAGTGAAGTCATCCCATACCCACAGGCCATATTCAAGGACCCATTCCGAGGAGGCAACAACATACTGGTTATCTGTGACACCTACACACCACAAGGGGAACCCATCCCTACTAACAAACGACACATGGCTGCACAAATCTTCAGTGACCCCAAGGTCACTTCACAAGTGCCATGGTTTGGAATCGAACAGGAGTACACTCTGATGCAGAGGGATGTGAACTGGCCTCTTGGCTGGCCTGTTGGAGGGTACCCTGGCCCCCAGGGTCCATACTACTGCGCCGTAGGATCAGACAAGTCATTTGGCCGTGACATTTCAGATGCTCACTACAAGGCATGCCTTTACGCCGGAATTGAAATCAGTGGAACAAACGGGGAGGTCATGCCTGGTCAGTGGGAGTACCAGGTTGGACCCAGCGTTGGTATTGATGCAGGAGATCACATATGGGCTTCAAGATACATTCTCGAGAGAATCACGGAGCAAGCTGGTGTCGTGCTCACCCTTGACCCAAAACCAATCCAGGGTGACTGGAATGGAGCTGGCTGCCACACAAATTACAGCACATTGAGCATGCGTGAGGATGGAGGTTTCGACGTGATCAAGAAGGCAATCCTGAACCTTTCACTCCGCCATGACTTGCACATAGCCGCATATGGTGAAGGAAACGAACGGAGGTTGACAGGGCTACATGAGACAGCTAGCATATCAGACTTCTCATGAGGTGTCGCGAATCGTGGCTGCTCTACTCGTGTGGGGCGAGAGACTGAGGCAAAGGGCAAAGGATACCTGGAGGACCGTCGCCCGGCCTCGAACATGGACCCATACACCGTGACGGCGCTGCTGGCCGAGACCACGATCCCGTGGGAGCCGACCCTCGAGGCAGAGGCCCTCGCTGCCAAGAAGCTGGCGCTGAAGGTATGAAGGACCTGAAAAGGCCGAATTCTTCCGGGGAAAAGAAAATAAATCGGCGAGACCGTTGGCCGTCCATTCTTG。

将此序列与大麦中 *GS2* 比对，发现此序列不到 5′端，它不包括大麦起始密码子的部分。于是又设计引物，继续往上寻找，以期找到 5′端序列。

设计引物 P8（位于上面序列的 5′端），用 P8 和 5-N-P 扩增继续往上游寻找。采用普通的 PCR 程序和体系进行电泳得到 400 bp 左右的片段，将此片段回收，用前述方法进行连接转化，用蓝白斑筛选阳性克隆，并对阳性克隆进行测序，获得 5′端序列：GAAAAATATTTCCAGCGCGATCTCGCAAGGTCGTTCCGCCCCCCTTCCCTCCCTCCTCTCCTCCCTCGTCTCGTCCCCGTCGTTGTCTCTCCGCTAGCGCTGAAGGGGAAGGCGGCGGAGTAAGTAAGTAAGCAAGCAGCGGCGATGGCGCAGGCGGTGGTGCCGGCTTCAAGGTGCTCGCCCTCGGCCCGGAGACCACCGGCGTCATCCAGAGGATGCAGCAGCTGCTCGACATGGACACCACGCCCTTCACCGACAAGATCATCGCCGAGTACATCTGGGTTGGAGGATCTGGAATTGA

CCTCAGAAGTAAATCAAGGACGATTTCGAAGCCAGTGGAGGACCCGTCAGA
GCTACCGAAATGGAACTACGATGGATCGAGCACAG。

根据 3′-和 5′-RACE 的测序结果并参考 GenBank 的 EST 序列，拼接出了小麦 *GS2* cDNA 的全序列，此序列涵盖了大麦起始密码子的位置，至此，得到了小麦中 *GS2* 的全长序列（共 1690 bp，可读框包括 1284 bp）。

根据拼接的全长序列的可读框设计引物：P10 为 5′-GATGGCGCAGGCGGTGGTG-3′、P2 为 5′-CTCCGAATGGACTCAGGTACAG-3′，用 Pfu 酶进行 PCR，扩增其全长序列，然后连接载体，转化，挑取转化子进行测序，最终得到小麦 *GS2* 的全长 cDNA 序列（图 4-21）。

GATGGCGCAGGCGGTGGTGCCGGCGATGCAGTGCCAGGTGGGCGTGCGGG
GCAGGTCTGCCGTCCCGGCGAGGCAGCCCGCGGGCAGGGTGTGGGGCGTG
AGGAGGACCGCCCGTGCCACCTCCGGGTTCAAGGTGCTGGCCCTCGGCCCG
GAGACCACCGGCGTCATCCAGAGGATGCAGCAGCTGCTCGACATGGACACC
ACGCCCTTCACCGACAAGATCATCGCCGAGTACATCTGGGTTGGAGGATCTG
GGATTGACCTCAGGAGCAAATCAAGGACGATTTCAAAGCCAGTGGAGGACC
CATCAGAGCTACCGAAATGGAACTACGACGGATCGAGCACAGGGCAGGCTC
CTGGAGAAGACAGTGAAGTCATCCTATACCCACAGGCCATATTCAAGGACCC
ATTCCGAGGAGGCAACAACATACTGGTTATCTGTGACACCTACACGCCACAA
GGGGAACCCATCCCTACTAACAAGCGACACATGGCTGCACAAATCTTCAGT
GACCCCAAGGTCACTGCACAAGTGCCATGGTTTGGAATCGAACAGGAGTAC
ACTCTGATGCAGAGGGATGTGAACTGGCCTCTTGGCTGGCCTGTTGGAGGG
TACCCTGGCCCCCAGGGTCCATACTACTGCGCCGTAGGATCAGACAAGTCAT
TTGGCCGTGACATTTCAGATGCTCACTACAAGGCATGCCTTTACGCCGGAAT
TGAAATCAGTGGAACAAACGGGGAGGTCATGCCTGGTCAGTGGGAGTACCA
GGTTGGACCTAGCGTTGGTATTGATGCGGGAGACCACATATGGGCTTCAAGA
TACATTCTCGAGAGAATCACGGAGCAAGCTGGTGTGGTGCTCACCCTTGAC
CCAAAACCAATCCAGGGTGACTGGAATGGAGCTGGCTGCCACACAAATTAC
AGCACATTGAGCATGCGCGAGGATGGAGGTTTCGACGTGATCAAGAAGGCA
ATCCTGAACCTTTCACTTCGCCATGACTTGCACATAGCCGCATATGGTGAAG
GAAACGAACGGAGGCTGACAGGGCTACATGAGACAGCTAGCATATCAGACT
TCTCATGGGGCGTCGCGAACCGTGGCTGCTCTATTCGTGTGGGGCGAGAAA
CCGAGGCAAAGGGCAAAGGATACCTGGAGGACCGTCGCCCGGCGTCGAAC
ATGGACCCGTACACCGTGACGGCGCTGCTGGCCGAGACCACGATCCTGTGG
GAGCCGACCCTCGAGGCGGAGGCCCTCGCTGCCAAGAAGCTGGCGCTGAA
GGTATGAAGGACCTGAAAAGGCCGAATTCTTCCGGGGAAAAGAAAATAAAT
CGGCGGCGGCGAGACCGTTCGTCCGTCGTCCATTCTTGTTGATCCTGTGGTT
CCGTCGGGGCACTGTCTGTACAAAATCCTCACGGTTTGTAGAACCGCTCCGC
ATGTTTTTTCGCTTGAACTGAGTCCATTTGATCTGTTGGGTCTGTACAATCAC
TGTACCTGAGTCCATTCGGAG

图 4-21　小麦 *GS2* 全长 cDNA 序列（韩娜，2005）

阴影标志为起始密码（ATG）和终止密码（TGA）

（二）GS2 的功能分析

将小麦 *GS2* 序列和其他植物的同源序列比较，与大麦有 96.3%的同源性，与水稻有 81.4%的同源性，与玉米有 77.7%的同源性。说明 *GS2* 在进化中是很保守的。含有 427 个氨基酸的小麦 GS2 蛋白序列为：MAQAVVPAMQCQVGVRGRSA VPARQPAGRVWGVRRTARATSGFKVLALGPETTGVIQRMQQLLDMDTTPFTD KIIAEYIWVGGSGIDLRSKSRTISKPVEDPSELPKWNYDGSSTGQAPGEDSEVIL YPQAIFKDPFRGGNNILVICDTYTPQGEPIPTNKRHMAAQIFSDPKVTAQVPWF GIEQEYTLMQRDVNWPLGWPVGGYPGPQGPYYCAVGSDKSFGRDISDAHYKA CLYAGIEISGTNGEVMPGQWEYQVGPSVGIDAGDHIWASRYILERITEQAGVVL TLDPKPIQGDWNGAGCHTNYSTLSMREDGGFDVIKKAILNLSLRHDLHIAAYG EGNERRLTGLHETASISDFSWGVANRGCSIRVGRETEAKGKGYLEDRRPASNM DPYTVTALLAETTILWEPTLEAEALAAKKLALKV。

通过对小麦和其他植物中的 GS2 蛋白比对可知，小麦中的 GS2 蛋白与大麦、水稻、玉米的同源性分别为 94.6%、90.4%、87%。但是前 40 个左右氨基酸与大麦的同源性很低，几乎没有同源性，可能是信号肽序列，此转运信号肽序列在不同植物中同源性是很有限的，但它和其他定位于叶绿体的蛋白质一样富含碱性氨基酸，拥有一些定位序列的结构特征（Freeman et al.，1996）。后面较保守的序列就是成熟的谷氨酰胺合成酶前体Ⅱ序列。

为了对小麦中 *GS2* 基因进行验证，对其进行了 Northern blotting 分析。首先提总 RNA，其中 34 和 49 为对照（未经受盐胁迫）叶片，34+和 49+分别为 RH8706-49 和 H8706-34 经受 1% NaCl 胁迫 72 h 后的叶片，对提取的 RNA 进行 MOPS 电泳检测、转膜，用 ^{32}P-dCTP 进行 PCR 扩增标记放射性探针，以转化子的质粒为模板，进行杂交。RNA 电泳结果及 Northern blotting 结果见图 4-22。

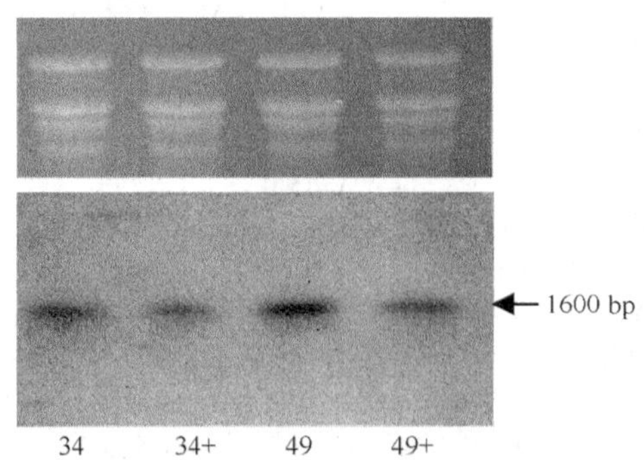

图 4-22　RNA 检测及 Northern blotting 结果（韩娜等，2006）

根据 Marker 的位置可知，图 4-22 中信号带应在 1600 bp 左右，符合 *GS2* 的大小。Nothern blotting 结果表明，*GS2* 的 RNA 在耐盐和敏盐小麦中都有表达，但在

RH8706-49 中的表达量明显高于 H8706-34，在二者经受盐胁迫后 *GS2* 的 RNA 表达量均有所减少。与双向电泳结果基本一致，*GS2* 的 RNA 表达量在盐胁迫后减少了，说明此基因是受盐胁迫抑制的，而小麦耐盐突变体 RH8706-49 可能由于调节基因发生了突变，*GS2* 的 RNA 表达量比敏盐突变体有所提高，进而使小麦的耐盐性提高。

GS2 对植物的保护是因为对光呼吸所产生 NH_4^+的吸收能力提高，有利于保护 PSII。研究表明，在盐胁迫下，随着盐浓度的提高，PSII的电子传递速度明显下降，究其原因，可能是盐胁迫损害了 PSII中放氧复合物的功能，使它向 PSII反应中心提供的电子数量减少，阻断了 PSII还原侧从 QA 向 QB 的电子传递，使 PSII电子传递链的成分减少，导致 PSII的电子传递速度降低。但是盐胁迫使 PSI的电子传递速度略有提高，这可能与盐胁迫增加了 PSI反应中心和 Cyte553 含量，以及提高了环式电子传递活性有关（张其德，2001）。小麦抗盐是一个数量性状，*GS2* 基因表达量的提高只是抗盐性提高的一个因素。Northern blotting 结果表明，盐胁迫后，*GS2* 基因在两品系中的表达量均有所减少，说明 *GS2* 基因是受盐胁迫抑制的，但 H8706-34 在盐胁迫前、后都比 H8706-34 的表达量要多，这可能是 H8706-34 的耐盐性优于 H8706-34 的内在原因之一。因此说明，*GS2* 是与小麦耐盐性相关的基因，且此基因可能是在转录水平上调控植物耐盐性。

二、萌发蛋白基因 *gf-2.8*

gf-2.8（*germin*）基因编码一种在小麦中普遍存在的萌发蛋白，该基因位于小麦 4D 染色体，基因全长 685 bp，并且没有内含子。已有文献报道，*gf-2.8* 基因的高度保守区域是一个渗透胁迫反应区域，与盐适应相关。我们以小麦耐盐突变体 974915 与其两个亲本——‘濮农 3665’和‘百农 3039’为实验材料，利用 PCR-SSCP 与 DNA 测序相结合的方法，对 *gf-2.8* 基因的编码序列进行分析，以期找到 974915 突变体中与耐盐表型相关的基因突变位点。

利用 *gf-2.8* 基因特异引物（Forward primer：5′-CATGGGGTACTCCAAAAC-3′；Reverse primer：5′-TCCTAGAAATTAAAACCCAGC-3′），分别从突变体 974915 和其两个亲本‘濮农 3665’和‘百农 3039’基因组中扩增出 685 bp 的 *gf-2.8* 基因（图 4-23）。

我们对上述 PCR 扩增产物进行 SSCP 分析发现，所有供试材料的扩增产物均有 5 条带，其中迁移率最大的 e 带为未变性的双链 PCR 扩增产物。而 a 带和 b 带、c 带和 d 带分别为互补的两对单链。由于 a 带和 b 带的强度远高于 c 带和 d 带，因此，前者为目的基因的扩增产物，而后者可能为与目的基因同源性很高的非目的基因的扩增产物。从图 4-24 还可看出，耐盐突变体 974915 的 a 带、b 带迁移率与其他几个材料之间存在细微的差别，表明材料 974915 的该基因序列可能存在碱基突变。然后，我们利用自制的 T 载体，将 PCR 产物克隆到中间载体上送公司进行

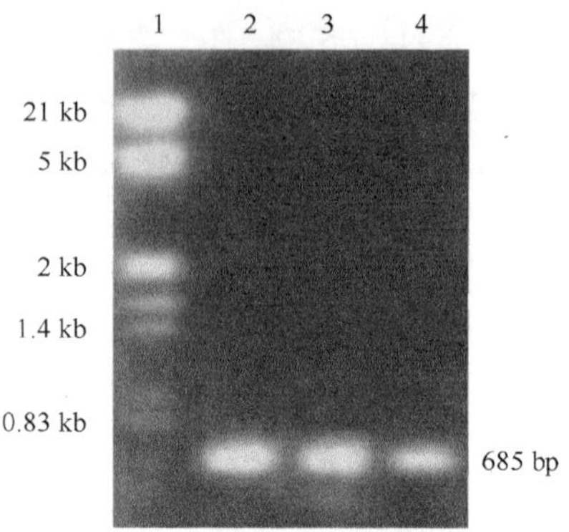

图 4-23 PCR 扩增产物在 1.2%琼脂糖凝胶电泳上的分析结果（王翠亭等，2001）

1. λ/*Eco*R Ⅰ+*Hind*Ⅲ；2. 百农 3039；3. 濮农 3665；4. 974915

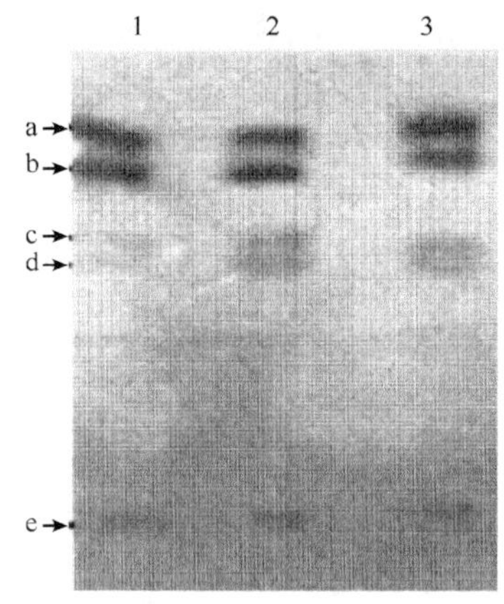

图 4-24 PCR 扩增产物的 SSCP 分析（王翠亭等，2001）

1. 百农 3039；2. 濮农 3665；3. 974915

测序，每个重组质粒进行 2 次重复测序。测序结果表明，突变体 974915 该基因序列的 235 位点和 284 位点碱基分别发生了 C→T 和 T→C 的突变，前者（235 位点）突变没有导致氨基酸的变化，而后者（284 位点）突变使原来的缬氨酸突变为丙氨酸（图 4-25 和图 4-26）。据此，我们推测 *gf-2.8* 基因 284 位点 T→C 的碱基突变有可能是耐盐突变体 974915 耐盐性增强的主要原因之一。

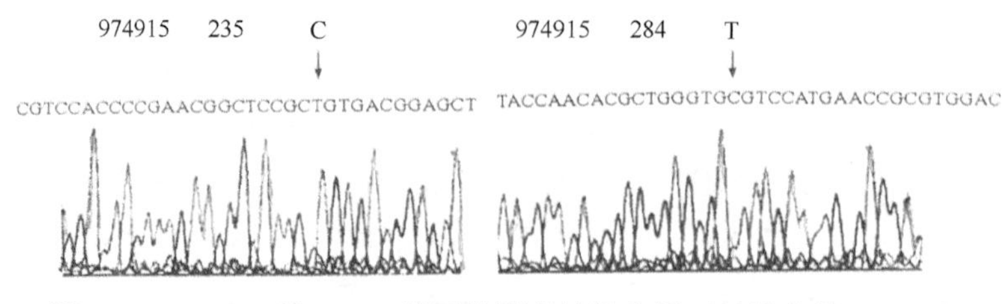

图 4-25 974915 的 *gf-2.8* 基因的测序结果分析（王翠亭等，2001）

```
CK      CATGGGGTACTCCAAAACCCTAGTAGCTGGCCTGTTCGCAATGCTGTTACTAGCTCCGGCCGTCTTGGCCACCGACCCAGACCCTCTCCAGGACTTCTGTGTCGCCGACCTCGACGGCAA 120
974915  ........................................................................................................................
CK      GGCGGTCTCGGTGAACGGGCACACGTGCAAGCCCATGTCGGAGGCCGGCGACGACTTCCTCTTCTCGTCCAAGTTGGCCAAGGCCGGCAACACGTCCACCCCGAACGGCTCCGCCGTGAC 240
974915  .................................................................................................................T......
CK      GGAGCTCGACGTGGCCGAGTGGCCCGGTACCAACACGCTGGGTGTGTCCATGAACCGCGTGGACTTTGCTCCCGGAGGCACCAACCCACCACACATCCACCCGCGTGCCACCGAGATCGG 360
974915  ...........................................C............................................................................
CK      CATCGTGATGAAAGGTGAGCTTCTCGTGGGAATCCTTGGCAGCCTCCACTCCGGGAACAAGCTCTACTCGAGGGTGGTGCGCGCCGGAGAGACGTTCCTCATCCCACGGGGCCTCATGCA 480
974915  ........................................................................................................................
CK      CTTCCAGTTCAACGTCGGTAAGACCGAGGCCTCCATGGTCGTCTCCTTCAACAGCCAGAACCCCGGCATTGTCTTCGTGCCCCTCACGCTCTTCGGCTCCAACCCGCCCATCCCAACGCC 600
974915  ........................................................................................................................
```

图 4-26　*gf-2.8* 基因序列的比对分析（王翠亭等，2001）

下划线表示 974915 的 *gf-2.8* 基因中发生了碱基突变的密码子

三、小麦糖原合成酶激酶基因 *TaGSK1*

（一）小麦糖原合成酶激酶基因的克隆与分析

1. 小麦糖原合成酶激酶基因的分离

对陈桂平(2001)的小麦耐盐突变体 cDNA-AFLP 分析结果进行 GenBank Blast 比对发现，25 号片段是耐盐突变体 SR 品系受盐胁迫诱导的 cDNA 片段，与玉米、三叶草和紫花苜蓿中 GSK3/shaggy 类蛋白激酶即糖原合成酶激酶 3（glycogen synthase kinase 3）基因序列相应部分的同源性分别达到 80%、72%和 72%（Chen et al.，2003b）。进一步进行 Norhern 杂交验证，结果如图 4-27 所示。

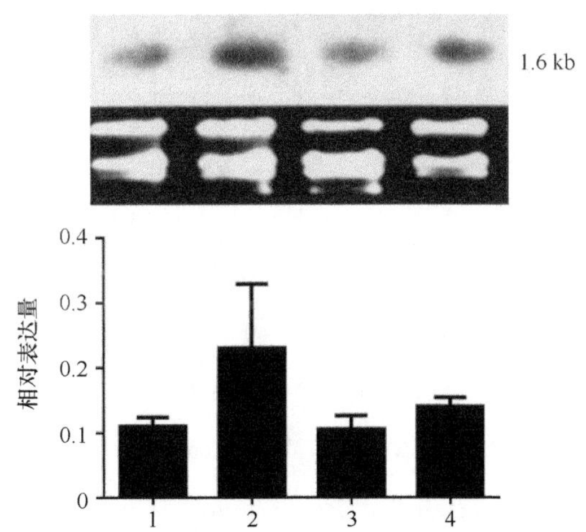

图 4-27　小麦 *TaGSK1* 基因的 Northern 杂交结果和表达量分析（Chen et al.，2003）

1. SR-0 NaCl；2. SR-1% NaCl；3. SS-0 NaCl；4. SS-1% NaCl

经计算机分析，糖原合成酶激酶基因在耐盐材料 SR 经盐胁迫后的表达量是非胁迫下的 2.14 倍，而在敏盐材料 SS 中仅为 1.23 倍。说明 *TaGSK1* 为由盐胁迫诱导表达的基因，并且在耐盐材料中表达强于非耐盐材料。

采用 RACE 方法得到了该基因的全长 cDNA，其全长 1573 bp，其中可读框（ORF）为 1143 bp，编码 381 个氨基酸，分子量 43.5 kDa，等电点 pI 为 8.66，是一种碱性蛋白。该基因为在小麦中发现的一个新基因，因此将其命名为 *TaGSK1*（*Triticum asetivum* glycogen synthase kinase 1），即小麦糖原合成酶激酶，并在 GenBank 进行了登录，登录号为 AF525086。

2. *TaGSK1* cDNA 的功能区段

应用 DNAtools、Omiga、GenBank 和 iPSORT 等分析软件，由我们从小麦耐盐突变体得到的 *TaGSK1* 的 cDNA 序列推导出该激酶的氨基酸序列，发现该激酶含有 ATP 结合区、跨膜区和钙调素结合区等功能区段（图 4-28）。该激酶的氨基酸组成见表 4-21。

```
1   GTT GGT GTG GTG CGT CCT TCC TCG CGC TTT CAG AAC GAC ACG AGT ACT AGT GGT GAT GCC   60
61  GAC CGA CTT CCG AAC GAG ATG GGC AAT ATG AGC ATA AGG GAT GAC AGG GAC CCT GAG GAT   120
                          1   M   G   N   M   S   I   R   D   D   R   D   P   E   D     14
121 ATA GTA GTC AAC GGC AAT GGG ACG GAA CCA GGC CAT ATT ATA GTC ACA AGC ATT GAG GGA   180
15   I   V   V   N   G   N   G   T   E   P   G   H   I   I   V   T   S   I   E   G    34
181 AGA AAT GGG CAA GCA AAA CAG ACC ATT AGC TAC ATG GCT GAG CGT GTG GTT GGT AAT GGG   240
35   R   N   G   Q   A   K   Q   T   I   S   Y   M   A   E   R   V   V   G   N   G    54
241 TCA TTT GGA ACT GTT TTC CAG GCT AAG TGT CTT GAA ACT GGC GAG ACG GTG GCT ATA AAG   300
55   S   F   G   T   V   F   Q   A   K   C   L   E   T   G   E   T   V   A   I   K    74
301 AAG GTT CTT CAA GAC AAG AGA TAT AAG AAC CGT GAG CTG CAA ACG ATG CGA GTT CTT GAC   360
75   K   V   L   Q   D   K   R   Y   K   N   R   E   L   Q   T   M   R   V   L   D    94
361 CAC CCA AAT GTT GTG GCT TTA AAG CAT TGT TTT TTC TCA AAG ACT GAG AAA GAG GAG CTT   420
95   H   P   N   V   V   A   L   K   H   C   F   F   S   K   T   E   K   E   E   L   114
421 TAC CTC AAC CTG GTG CTT GAG TAT GTG CCG GAG ACT GCT CAT CGT GTC ATT AAG CAT TAT   480
115  Y   L   N   L   V   L   E   Y   V   P   E   T   A   H   R   V   I   K   H   Y   134
481 AAC AAG ATG AAC CAA CGC ATG CCA TTG ATA TAT GCA AAA CTG TAC ATG TAT CAG ATA TGT   540
135  N   K   M   N   Q   R   M   P   L   I   Y   A   K   L   Y   M   Y   Q   I   C   154
541 AGA TCT TTG GCA TAC ATT CAC AAC AGC ATT GGA GTA TGC CAC AGA GAC ATC AAG CCT CAA   600
155  R   S   L   A   Y   I   H   N   S   I   G   V   C   H   R   D   I   K   P   Q   174
601 AAT CTT CTG GTG AAT CCA CAT ACG CAC CAA TTG AAA TTA TGT GAC TTC GGA AGT GCG AAA   660
175  N   L   L   V   N   P   H   T   H   Q   L   K   L   C   D   F   G   S   A   K   194
661 GTG TTG GTA AAA GGA GAA CCA AAT ATT TCC TAT ATC TGT TCA AGG TAC TAT AGA GCC CCA   720
195  V   L   V   K   G   E   P   N   I   S   Y   I   C   S   R   Y   Y   R   A   P   214
721 GAG CTC ATA TTT GGT GCT ACT GAA TAC ACA ACG GCA ATT GAC GTT TGG TCT GCT GGC TGT   780
215  E   L   I   F   G   A   T   E   Y   T   T   A   I   D   V   W   S   A   G   C   234
781 GTT CTT GCT GAA CTC CTT CTA GGA CAG CCT ATA TTC CCT GGC GAC AGT GGT GTT GAT CAG   840
235  V   L   A   E   L   L   L   G   Q   P   I   F   P   G   D   S   G   V   D   Q   254
841 CTT GTT GAA ATC ATC AAG GTT TTA GGT ACC CCT ACA AGA GAA GAA ATT AAG TGC ATG AAT   900
255  L   V   E   I   I   K   V   L   G   T   P   T   R   E   E   I   K   C   M   N   274
```

图 4-28 *TaGSK1* 的 cDNA 序列及所含的功能区段（Chen et al.，2003）

_ _ _ _ _ _跨膜区，_____ATP 结合区，_ __ _酪氨酸激酶磷酸化位点，

~~~~~~~丝氨酸/苏氨酸蛋白激酶活位点，_._._._._. 钙调素结合区
~~~~~~~

表 4-21　TaGSK1 的氨基酸组成（徐涛，2003）

氨基酸			小麦	
			数量	百分比（%）
中性疏水氨基酸（36.3%）	A	Ala	21	5.5
	F	Phe	16	4.2
	G	Gly	22	5.8
	I	Ile	26	6.8
	L	Leu	37	9.7
	P	Pro	25	6.6
	V	Val	28	7.4
	C	Cys	9	2.4
中性亲水氨基酸（27.2%）	M	Met	10	2.6
	N	Asn	20	5.2
	Q	Gln	13	3.4
	S	Ser	16	4.2
	T	Thr	18	4.7
	W	Trp	3	0.8
	Y	Tyr	15	3.9
酸性氨基酸（10.5%）	D	Asp	15	3.9
	E	Glu	25	6.6
碱性氨基酸（16.2%）	H	His	15	3.9
	K	Lys	26	6.8
	R	Arg	21	5.5

从表 4-21 中可见，小麦 TaGSK1 蛋白有 9 个 Cys，除构成 4 个二硫键的 8 个外，有 1 个游离的 Cys。其中疏水性氨基酸占较大比例，为 36.3%。这些氨基酸为 TaGSK1 的结构和功能奠定了基础。

（二）TaGSK1 的结构及与 CaM 关系的研究

1. 小麦糖原合成酶激酶（TaGSK1）一级结构与不同种属植物的比较

将小麦糖原合成酶激酶（TaGSK1）的一级结构与苜蓿、拟南芥、烟草、玉米的 GSK 进行了比较，其氨基酸同源性的分析结果表明，小麦 TaGSK1 与苜蓿的 GSK 蛋白同源性最高，为 87%，与拟南芥、烟草、玉米 GSK 的同源性分别为 86%、85%、80%，各个种属 GSK 蛋白的氨基酸序列比较见图 4-29（陈桂平，2001；徐涛，2003）。说明不同种属植物的 GSK 之间有着很高的同源性，可见该蛋白质在遗传和进化上极为保守。由此可见，该激酶在维持生物体正常生命活动中起着十分重要的作用。

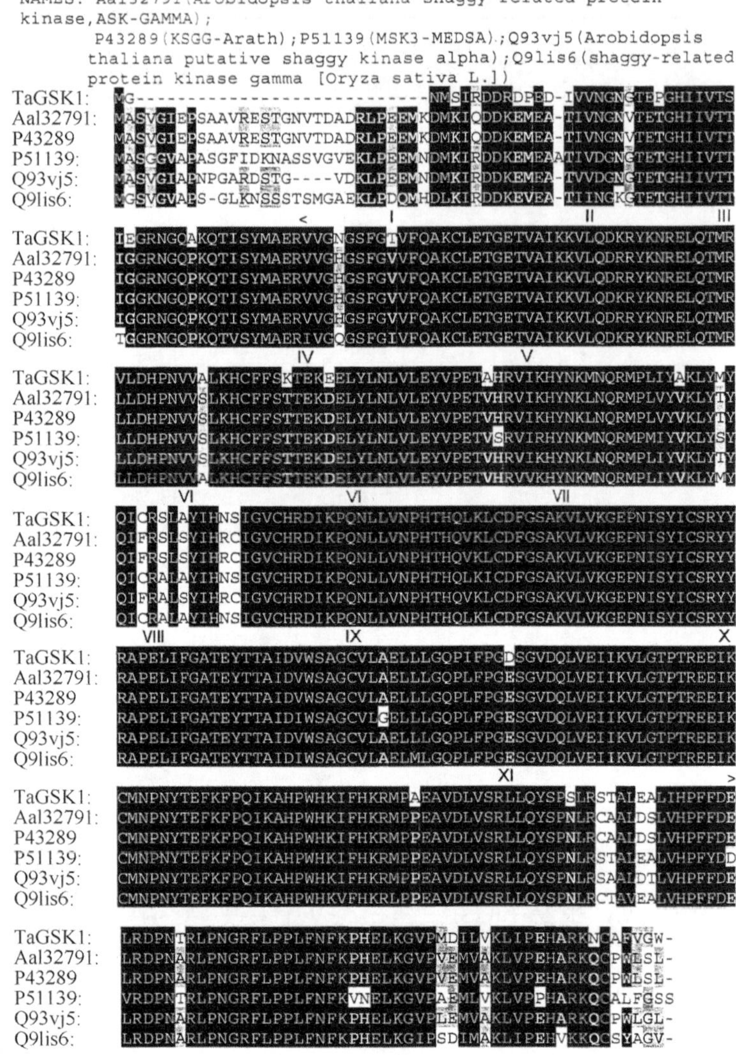

图 4-29 小麦 TaGSK1 和其他植物 GSK 蛋白的氨基酸序列比较（Chen et al.，2003）

图中显示的是长度为 285 个残基的蛋白激酶催化域；阴影部分为高度保守的同源序列区域；罗马数字表示 11 个激酶催化亚区

2. 小麦糖原合成酶激酶的二级结构

应用计算机“蛋白跨膜结构”模型预测，TaGSK1 蛋白为 N 端在外侧的跨膜蛋白，有两个跨膜域：41（outside）～60（inside）的 20 个氨基酸跨膜；223（inside）～241（outside）的 19 个氨基酸跨膜。经 Chou-Fasman 法预测，小麦 TaGSK1 蛋白二级结构具螺旋（helix）构象 22.83%、折叠（sheet）构象 41.73%、转角（turn）构象 31.24%、无规则卷曲（coil）4.20%，其二级结构和亲水性分析见图 4-30。

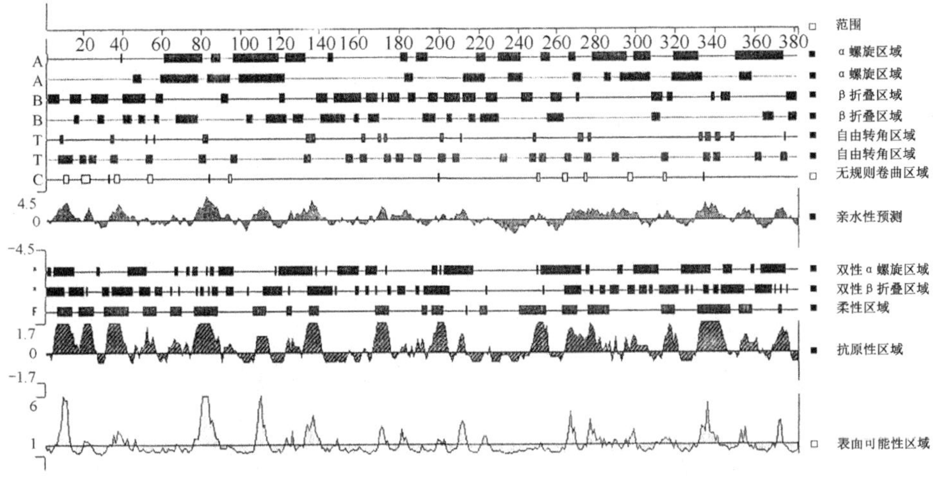

图 4-30　TaGSK1 二级结构的分析（徐涛，2003）

3. TaGSK1 与 CaM 关系的研究

为了进一步研究该激酶的生理生化特性及其在植物信号转导途径中的作用，我们构建了 GST-TaGSK1 融合蛋白的表达载体 pGEX-KG-*TaGSK1*，并得到纯度达到 90%以上的 GST-TaGSK1 融合蛋白。首先将本实验室保存的含有 pT-*TaGSK1* 质粒的 *E. coli* DH5α 菌株摇培，用碱裂解法提取并纯化质粒。质粒经 *Bam*HI酶切，用 1%琼脂糖凝胶电泳分离，切胶回收 *TaGSK1* 基因条带。将纯化后的 *Bam*HI酶切产物与经 *Bam*HI酶切的 pGEX-KG 载体相连接，构建含 *GST-TaGSK1* 融合基因的表达载体 pGEX-KG-*TaGSK1*。用 *Pst*I和 *Sph*I限制性内切核酸酶双酶切鉴定正反接，经 DNA 序列分析，确认获得的阳性克隆中 *TaGSK1* 编码区域准确无误，并与 *GST* 可读框匹配，可以用于蛋白质表达。将表达质粒转化到表达菌株 Xa90 中。

将在 37℃过夜培养的表达菌株 Xa90 按 1%～2%体积比接种于含 100 μg/mL Amp 的 LB 液体培养基中培养至 OD_{600} 为 0.6～0.8 时，加诱导剂 IPTG，继续培养 5 h，离心收集菌体，超声波裂解后于 4℃、15 000 r/min 离心 20 min，取上清液和沉淀分别进行 10% SDS-PAGE 分析蛋白质的可溶性表达。获得正确表达外源融合蛋白的菌株后进行大量表达。挑单菌落接于 LB 培养基，菌液经 37℃培养后加入浓度为 0.5 mmol/L 的 IPTG，30℃诱导 5 h，离心收获菌体，超声波裂解、离心后利用 GST 亲和层析柱进行目的蛋白纯化（所有经过 GST 亲和层析柱的液体都要经 0.45 μm 微孔滤膜过滤）。待总蛋白质被充分吸附后，用 PBS 缓冲液清洗亲和柱。向亲和柱加入适量谷胱甘肽洗脱液，室温放置 10 min，收集洗脱液于离心管中，用 10% SDS-PAGE 检测纯化情况，获得分子量约为 65 kDa 的 GST-TaGSK1 融合蛋白，且经分析纯度达到 90%以上（图 4-31）。

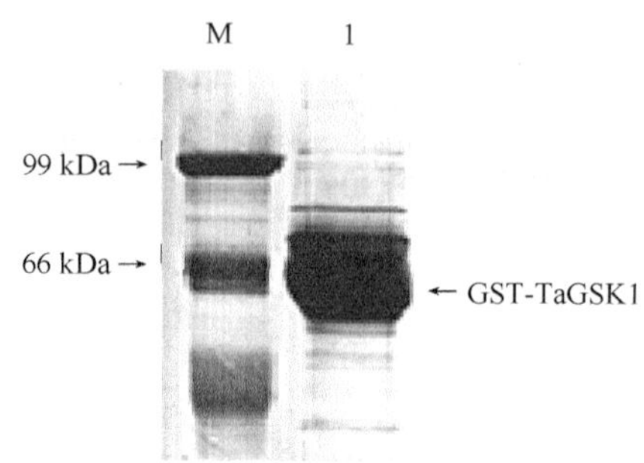

图 4-31 纯化 GST-TaGSK1 融合蛋白的 SDS-PAGE 结果（杨立霞，2005）

M. 低分子量蛋白 Marker；1. 融合蛋白

我们以非变性凝胶电泳和 Western blotting 对 TaGSK1 蛋白结合 CaM 的能力进行检测。实验设置 2 组反应体系，在 EGTA 组 40 μL 体系中各反应成分为 0.125 mmol/L Tris-HCl（pH 6.8）、1 mg/mL Enzyme、0.08 mmol/L CaM、5 mmol/L Ca^{2+}、12.5 mmol/L EGTA。在 Ca^{2+}组中除没有 EGTA 外，设置 CaM 浓度梯度分别为 0.02 mmol/L、0.06 mmol/L、0.08 mmol/L。在反应体系中分别加入蛋白激酶起始反应，室温 60 min，加入 2 倍样品缓冲液终止反应，电泳、染色、脱色后进行扫描观察。用 Western blotting 验证实验结果，Western blotting 按常规方法进行。

电泳检测结果如图 4-32 所示，逐渐提高反应体系中 CaM 的用量（泳道 2～4，CaM 浓度分别为 0.02 mmol/L、0.06 mmol/L、0.08 mmol/L），可见滞后的一条带越来越明显，我们推测那是一条 TaGSK1 蛋白与 CaM 结合成的融合蛋白的滞后带，而在 EGTA 处理的反应中即使 CaM 浓度和泳道 4 相同，也没有滞后带的产生（图 4-32）。所以初步得出结论：TaGSK1 蛋白在 Ca^{2+}存在的条件下可以与 CaM 结合。

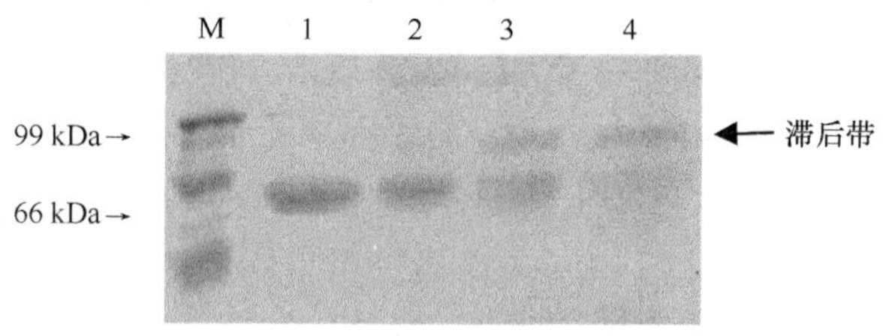

图 4-32 TaGSK1 与 CaM 结合的 PAGE 检测（杨立霞，2005）

M. 低分子量蛋白 Marker；1. EGTA 处理；2～4. 反应体系中逐渐加大 CaM 的用量，出现滞后带（箭头所指）

Western blotting 结果如图 4-33 所示，可以看出经 Buffer A（含 Ca^{2+}）处理的条带，蛋白质位置有很明显的显色，而经 Buffer B（含 EGTA）处理的条带，相应的蛋白质位置则没有显色，这说明 TaGSK1 蛋白激酶可以在 Ca^{2+}存在的条件下与 CaM 结合，当 EGTA 螯合 Ca^{2+}之后，TaGSK1 蛋白激酶也就不能与 CaM 结合。

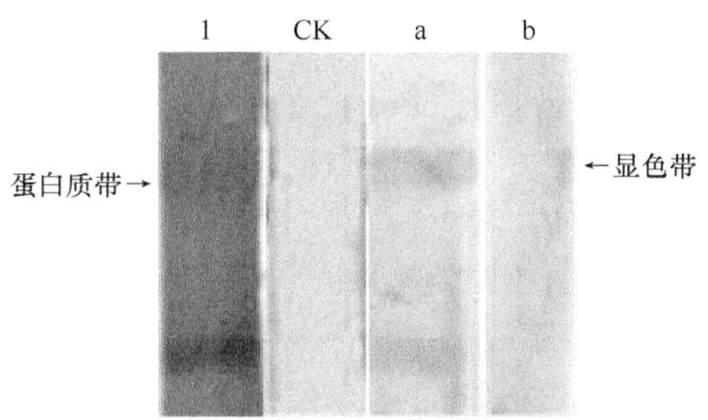

图 4-33　Western blotting 结果（杨立霞，2005）

1. 氨染检测；a. Buffer A 处理；b. Buffer B 处理；CK. 亲和素对照

对该激酶的底物磷酸化与自磷酸化进行了检测，具体方案是各设置 3 组反应，分别加入 Ca^{2+}、EGTA、Ca^{2+}/CaM，在 50 μL 体系中各反应成分为 25 mmol/L Tris-HCl（pH 7.5）、0.5 mmol/L DTT、10 mmol/L $MgCl_2$、1 mmol/L Ca^{2+}、12 μmol/L CaM、1 mmol/L EGTA、0.5μg/μL 组蛋白III-S、20 μmol/L ATP、10 μCiγ-^{32}P-ATP；1 mg/mL Enzyme，自磷酸化组不加底物 HistoneIII-S。加酶后起始反应，30℃，30 min，加入 5 倍体积蛋白质电泳上样 Buffer 终止反应，煮沸加热 5 min，电泳，剥胶，干胶（将胶铺在双层滤纸上，上面覆盖保鲜膜，在干胶仪上加热抽干），放射自显影。

得到的放射自显影图像（图 4-34）中 1、2、3 泳道为蛋白质自磷酸化反应后结果，4、5、6 泳道为蛋白质底物磷酸化反应后结果。从中可以看出，TaGSK1 蛋白的激酶活性无论是在自磷酸化中还是在底物磷酸化中都不受 Ca^{2+}和 CaM 的调节，在加有 Ca^{2+}、EGTA 和 Ca^{2+}/CaM 的三个不同处理中（依次分别为 1、2、3 和 4、5、6 泳道），激酶活性表现得很一致，并没有太大的差别。以 HistoneIII-S 作为激酶的底物，在图 4-34 中底物相应位置我们也可以看到显影的带，且三个条带很均一，均不受 Ca^{2+}和 CaM 的影响。

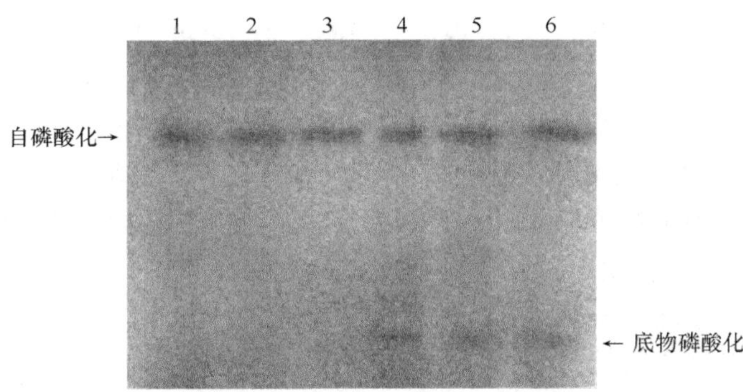

图 4-34　蛋白质自磷酸化和底物磷酸化的检测结果（杨立霞，2005）

1～3. TaGSK1 的自磷酸化检测组：Ca^{2+}、EGTA 与 Ca^{2+}/CaM；4～6. TaGSK1 的底物磷酸化检测组：Ca^{2+}、EGTA 与 Ca^{2+}/CaM

随着人类基因组计划的快速进展，人们对基因的研究重点已从基因本身的结构分析逐渐转向基因产物蛋白质的研究。我们在表达纯化蛋白质时选择了pGEX-KG为载体，Xa90为表达菌。该载体有一编码分子量为26 kDa的GST标签蛋白的可读框，其后为由多个单一酶切位点（*Bam*HI、*Eco*RI、*Sal*I、*Aho*I、*Not*I、*Sam*I）组成的多克隆区，便于重组。如果成功诱导表达出GST融合蛋白，表达产物中的GST可特异性结合谷胱甘肽，为纯化表达产物提供了方便，且可用凝血酶切除GST而获得天然蛋白和多肽（萨姆布鲁克等，2002）。

在分离纯化GST融合蛋白的方式上，首选的是谷胱甘肽Sepharose 4B亲和层析，但应用这个方法的前提是融合蛋白必须是可溶的。但是我们表达的GST-TaGSK1融合蛋白大部分为包涵体，是不可溶的。一般认为高温会促进包涵体的形成，降低蛋白质表达水平可增加可溶性蛋白的比例。通过反复摸索实验条件发现37℃时，表达的融合蛋白大部分以包涵体存在，20℃以下时，可溶性蛋白比例大幅度提高，但融合蛋白的表达总量显著下降，故最后选择在30℃用0.5 mmol/L IPTG诱导5 h，此条件下GST-TaGSK1融合蛋白表达量达到峰值。对经超声波破碎后的菌体上清液直接用GST Trap柱进行纯化，获得的GST-TaGSK1纯度大于90%。所制备的可溶性蛋白为下一步实验奠定了坚实的基础。

实验表明，TaGSK1蛋白表现出依赖Ca^{2+}与CaM结合的特性，对该蛋白质有钙调素结合域的预测用实验加以证实。比较有钙反应体系（Ca^{2+}、CaM）与无钙反应体系（EGTA）中蛋白激酶活性，可以看到钙离子和钙调素的存在对TaGSK1蛋白激酶活性并未表现出显著的激活作用，表明这种蛋白激酶是一种不依赖钙离子和钙调素的蛋白激酶。可以初步确定小麦中这种可磷酸化组蛋白Ⅲ-S、不依赖钙离子和钙调素的蛋白激酶是CDPK超家族的第四种成员CRK（CDPK related protein kinase）。这种激酶既不依赖钙离子也不依赖钙调素，其催化区与CDPK的催化区密切相关，但EF手相结构退化，调节功能不详。

本实验室前期实验表明，小麦糖原合成酶激酶TaGSK1具有增强细胞抗胁迫、抗渗透能力的功能。我们对该蛋白质的理化特性及其作用机制虽然有了一定的了解，但还有很多不清楚的地方，需要进一步实验研究。组蛋白Ⅲ-S的Ser残基可以被CDPK磷酸化，是CDPK的最佳底物之一，但几乎可以肯定组蛋白不是CDPK的内源底物，原因是在生理浓度的KCl存在时，组蛋白的体外磷酸化被抑制。所以，虽然我们用组蛋白Ⅲ-S检测出了TaGSK1的激酶活性，但我们还要对它在生物体内的真正作用底物进行研究。小麦糖原合成酶激酶TaGSK1参与了细胞信号转导，但对它的上下游信号通路并不清楚，因此阐明该蛋白质参与的信号转导途径的首要工作就是找到它在生物体内的真正作用底物。

我们对小麦中非受体丝氨酸/苏氨酸激酶（non-receptor serine/threonine kinase）还知之甚少。到目前为止，除我们发现的参与耐盐性的TaGSK1是这类激酶家族的成员外，Bittner 等（2013）在小麦基因组中也鉴定了两个属于编码该类激酶的基因序列，分别命名为 *TaSK1* 和 *TaSK2*。TaSK 通过氨基酸残基 Tyr216 的磷酸化状态来调节激酶活性，尤其是它们能够使 BIN2 的酪氨酸残基（Tyr200）脱磷酸化，从而抑制 BIN2 的激酶活性。TaSK 还包含与 GSK-3β 对应的 Arg96、Arg180、Lys20 氨基酸残基，尽管这些残基与 TaSK 激酶活性的相关性尚待阐明。系统发育分析表明，TaGSK1 和 TaSK 均属于拟南芥 GSK 进化支 II，该支成员都与油菜素类固醇信号有关。

（三）TaGSK1 的耐盐功能研究

1. 转 *TaGSK1* 基因原核生物耐盐性的表现

原核 *E. coli* 表达系统具有高效、廉价的特点，国内外已有不少利用原核表达系统表达真核基因成功的报道。甘露和陈受宜（1990）克隆了黑麦脯氨酸合成酶基因，并在大肠杆菌 HB101 中成功表达。转化子的抗旱耐盐能力比宿主菌高，能在 0.65 mol/L NaCl 或 15%聚乙二醇中生长，而宿主菌仅能在 0.3 mol/L NaCl 和 5%聚乙二醇中存活。Bianchi 等（1994）克隆了拟南芥 GSK3/shaggy kinase 蛋白激酶类似物——ASK，并在大肠杆菌中进行了功能表达。GSK3 蛋白激酶家族的高度保守性及其在转录水平的作用表明 ASK 蛋白在高等植物有重要的功能。对 GSK3 蛋白激酶家族进行遗传和生化分析，结合从其进化上高度保守所获得的信息表明，它们参与了植物体重要的信号转导途径，这将在遗传学上为用分子手段剖析这些激酶的进化和异同提供有益的补充。总之，*TaGSK1* 基因的原核表达可以为目的蛋白纯化、体外功能鉴定、生化活性及动力学、结构分析与定点突变以及作用机制的研究奠定基础。本研究首先采用 PCR 方法，以含小麦糖原合成酶激酶基因（*TaGSK1*）的克隆载体 pDT-23 为基础，构建了原核表达载体 pBV221-*TaGSK1*。根据 *TaGSK1* 基因 cDNA 序列设计分别含 *Eco*RI和 *Bam*HI酶切位点的两个引物。按文献（Ma et al.，2004）用碱裂解法小量提取并纯化重组质粒 pDT-23（含 *TaGSK1*）。扩增含有 *Eco*RI和 *Bam*HI酶切位点的 *TaGSK1* 片段，纯化回收 PCR 产物，并用 *Eco*RI与 *Bam*HI双酶切 PCR 产物和 pBV221 质粒，用 T4 连接酶将二者连接（图 4-35）。经 PCR 扩增、酶切和测序证明，pBV221-GSK1 载体中的 *TaGSK1* 和 pDT -T23 上的序列完全相同，成功将小麦糖原合成酶激酶基因 *TaGSK1* 构建到 pBV221 表达载体中。

通过研究 *TaGSK1* 在大肠杆菌 *E. coli* DH5α 和 BL21 中的表达情况，可以了解其提高宿主耐盐性的潜力，为作物抗盐育种探路。受体菌 DH5α 和 BL21 感受态的制备及转化按文献（Ma et al.，2004）进行。用得到的 pBV221-*TaGSK1* 载体分别转化大肠杆菌 DH5α 和 BL21。pBV221 表达载体的启动子属于热诱导型。将经

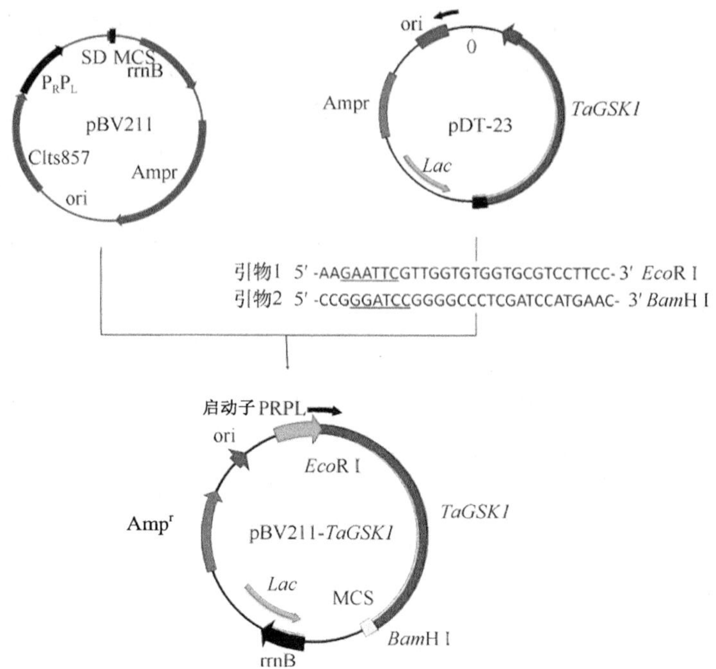

图 4-35 表达载体 pBV221-GSK1 的构建（徐涛等，2004）

37℃过夜培养的细菌按 1%～2%体积比接种于含 100 μg/mL Amp 的 LB 液体培养基中，30℃培养至 OD_{600} 为 0.4～0.5，立即转移至 42℃培养 4.5 h，低速离心收集菌体，按文献（Sambrook et al.，1989）提取蛋白质进行 SDS-PAGE 电泳。参考甘露和陈受宜（1990）的方法，制备含有不同浓度 NaCl 的 LB 培养基，菌液按 1%体积比接种，热诱导后测定各样品的光吸收值（A_{600}）。实验结果表明，在 42℃热诱导的情况下，所构建的 pBV221-GSK1 表达载体在 DH5α 和 BL21 中均能够高效表达，可以产生分子量约为 43.5 kDa 的特异蛋白；而没有经热诱导的并不表达（图 4-36a，b）。应用 UVP 凝胶成像系统分析 TaGSK1 蛋白表达率分别平均为 8%（DH5α）和 10.8%（BL21），显著性分析表明，与空载质粒和未经诱导的对照呈极显著差异。利用分光光度计对不同浓度盐胁迫下大肠杆菌菌液的光吸收值进行测定，利用 3 次重复所得平均值作曲线图并进行分析（图 4-37）。结果表明，随盐浓度的升高菌液的光吸收值总体呈现下降趋势，而且在相同盐浓度下转化子的光吸收值都略高于空载大肠杆菌。当盐浓度为 0.31 mol/L 时，转化子的光吸收值较盐浓度为 0.18 mol/L 条件下培养的转化子光吸收值明显上升，而空载对照大肠杆菌的光吸收值则始终呈下降趋势。当 NaCl 浓度升高到 0.90 mol/L 时，二者的光吸收值开始趋于一致。可见，在一定的盐浓度范围内转化子的耐盐能力比对照组大肠杆菌有明显的提高，这可能是由 TaGSK1 在盐胁迫下信号转导途径中发挥了作用，提高了转化子的耐盐性，使转化子得以迅速生长所致。然而随着盐浓度的升高，转化子的光吸收值虽然仍略高于受体菌，但其繁殖速度明显下降，这可能是高盐胁迫下 *TaGSK1* 基因的表达活性受到一定程度抑制的结果。而大肠杆菌的生长始终受到抑制，并且随盐浓度的上升抑制作用逐渐明显。上述现象与甘露和陈受宜（1990）将黑麦脯氨酸合成酶基因导入大肠杆菌 HB101 提高其耐盐性的结果相一致。说明原核表达体系也是检测基因功能的有效方法之一。文献报道，蛋白激酶广泛参与了植物对干旱、盐胁迫、ABA 诱导、光诱导等的应答反应，基因的表达量与耐盐能力呈正相关（巩学千和陈受宜，1996；Zhu et al.，1998；Pao et al.，1999；Jonak et al.，1995；Dornelas et al.，1998；Li and Nam，2002；Bianchi et al.，1994；Christov et al.，2014；Wang et al.，2018；Cardi et al.，2015；Wang et al.，2019a）。由此可见，本试验取得了与上述报道基本一致的结果。

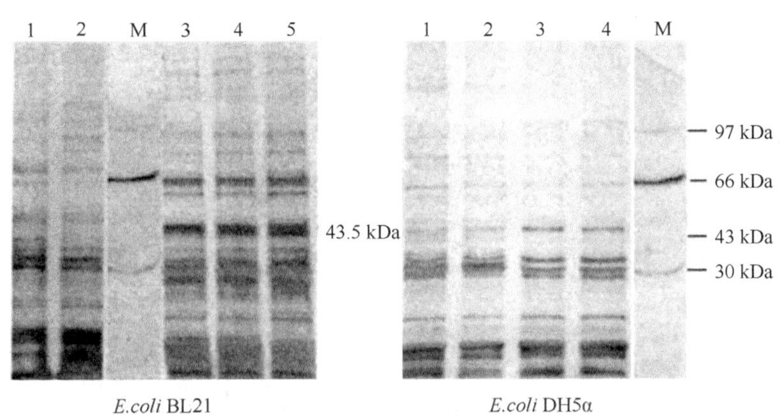

图 4-36　TaGSK1 在 *E. coli* BL21 和 DH5α 中表达的 SDS-PAGE 分析（徐涛等，2004）

1. 空质粒 pBV221 的转化；M. 中分子量蛋白 Marker；2. 重组质粒 pBV221-GSK1 未经热诱导；3～5. 重组质粒 pBV221-GSK1 经 42℃热诱导

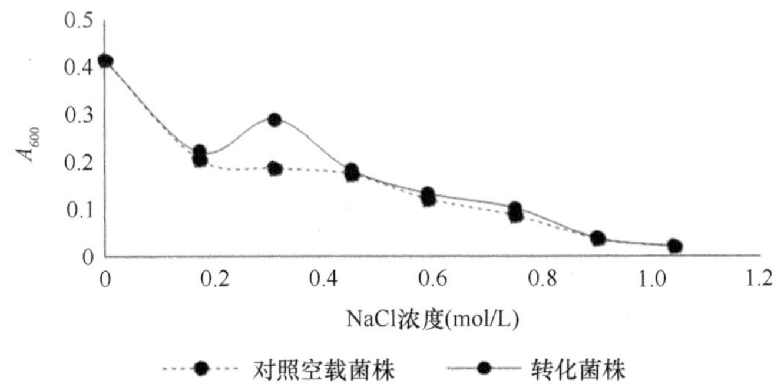

图 4-37　盐胁迫下大肠杆菌菌液的光吸收值（徐涛等，2004）

本研究构建的小麦糖原合成酶激酶基因的高效表达载体 pBV221-GSK1，为今后表达制备小麦糖原合成酶激酶 TaGSK1，并进一步制备其抗体，研究与其相互作用的蛋白质，以及其在信号通路中的作用奠定了基础（徐涛等，2004）。

2. 转 *TaGSK1* 基因敏盐小麦成熟胚愈伤组织的耐盐性

（1）pBI121-GSK1 双元表达载体的构建

基因的表达方式主要取决于表达调控序列，其主要成分是启动子。外源基因转化研究表明，其整合位点和拷贝数目受多个因素的影响。虽然水稻 Actin（肌动蛋白）启动子和玉米 Ubi（泛素）启动子属于单子叶植物启动子，转化小麦能获得较好的表达效果（Nehra et al.，1994），但是研究者为了实现目的基因的超表达，还是选用了过表达启动子（CaMV35S）。通常将目标基因与报告基因构建成嵌合基因，用于转化植物细胞，以期验证目的蛋白是否转化成功。本研究也采用了将目的基因 *TaGSK1* 与报告基因 *GUS* 融合表达的模式。

对禾谷类作物而言，无论采用什么转化方式，其中被外源基因转化整合的细胞只占很少的一部分。因此，为了获得转基因植株，除了选择转化率较高的方法和适当的受体外，还需一个良好的选择系统。选择系统一般由对抗生素和除草剂具有抗性的基因构成，这些基因由于检测简单方便、在大多数植物中背景小而得到广泛应用。鉴于此，我们采用了含有 Kan 抗性基因的双元表达载体 pBI121 为基础载体，构建了 *TaGSK1* 基因的表达载体。

根据小麦耐盐突变体RH8706-49 *TaGSK1*基因cDNA序列设计PCR特异引物，以其 DNA 为模板，按照常规反应体系利用高保真酶（Pfu 酶）和特异引物进行扩增，然后克隆、测序。对已测序质粒利用 *Sma*I和 *Xba*I进行双酶切，回收 *TaGSK1* 基因，并采用 T4 连接酶将其与经 *Sma*I和 *Xba*I双酶切的双元表达载体 pBI121 进行定向连接，筛选出双元表达载体 pBI121-GSK1（图 4-38）。

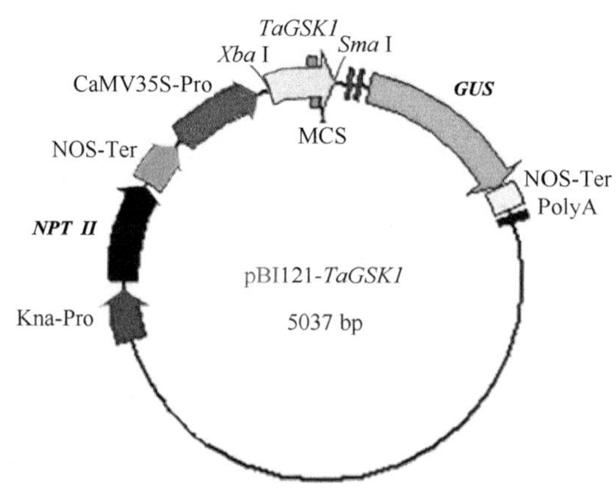

图 4-38　重组质粒 pBI121-*TaGSK1* 的物理图谱（徐涛等，2006）

（2）小麦成熟胚愈伤组织的诱导与农杆菌的转化

取成熟的小麦籽粒，按照文献（沈银柱等，1993）的方法，于超净台上用70%的乙醇浸泡5 min，再用0.1%的$HgCl_2$消毒1 min，无菌水冲洗3或4次，然后盛于无菌烧杯中，无菌水浸泡过夜（烧杯口用灭菌纸包好）。次日于超净工作台上剥离胚，盾片朝上置于愈伤诱导培养基上。25℃暗培养，诱导愈伤组织。接种7～10 d后，当盾片膨大、胚乳变软时，去掉胚乳和芽，将剥下的种子胚转到继代培养基上，直至长出胚性愈伤组织。

Khurana等（2002）用含有1 mol/L 2,4-D的培养基诱导小麦成熟胚和幼胚的愈伤组织并进行根癌农杆菌转化，结果发现这两种愈伤组织的转化率差异显著，成熟胚愈伤组织比幼胚愈伤组织的转化率高10%～12%。因此我们选成熟胚作为研究材料，愈伤组织细胞出愈率越高，愈伤组织状态越易调控。实验选取了一些样本统计了诱导培养基改进前、后不同品种的出愈率（表4-22和表4-23）。

表4-22　诱导培养基改进前不同小麦品种成熟胚出愈率取样统计（徐涛，2003）

品种	接种数	出愈数	出愈率（%）
冀麦38-76	70	27	38.6
晋麦5号	70	28	40.0
丰抗10号	70	27	38.6
丰抗13号	70	35	50.0
极早熟	70	52	74.3

表4-23　诱导培养基改进后不同小麦品种成熟胚出愈率取样统计（徐涛，2003）

品种	接种数	出愈数	出愈率（%）
G8901	100	89	89.0
晋麦5号	30	27	90.0
中国春	100	87	87.0
极早熟	120	98	81.7
H8706-34	100	92	92.0

新生愈伤组织每20 d继代一次，3或4次后愈伤组织呈团状，直径2～3 mm，质地致密，黄白色，外观湿润，生长状态良好，可用于转基因。将部分愈伤组织于含0.4 mol/L甘露醇的高渗培养基上预培养12 h后，用菌株LBA4404侵染，筛选2个月，统计抗性出愈率。

参照文献（Khurana et al.，2002）的方法进行农杆菌感受态的制备和对pBI121-GSK1载体质粒进行电击转化。农杆菌侵染前，将用于转化的小麦愈伤组织转至高渗培养基上预培养12 h。挑取阳性单克隆农杆菌菌落，接种到体积为5 mL的YEB培养基(加100 mol/L Kan和80 mol/L Rif)上，于28℃培养至OD_{600}=0.6，取此菌液，按1%的比例接种到50～100 mL无抗生素的YBE培养基上，培养至

OD_{600}=0.6，离心收集沉淀，用 MSO 培养基洗 2 次，最后用 MOS 培养基稀释至 OD_{600}=0.1，用于转化。

于超净工作台上将待转化的愈伤组织浸入上述菌液中，并不时摇动使之充分接触。侵染约 30 min，取出愈伤组织，用无菌滤纸吸去附着的菌液。将侵染过的愈伤组织转移至共培养培养基上，28℃暗培养 3 d。然后将经过共培养的小麦愈伤组织利用 0.01%的无菌 Tween20 冲洗以去除表面多余农杆菌，用滤纸吸去附着水分后转移至高渗培养基恢复培养约一周。

针对用农杆菌侵染后愈伤组织在抗性培养基上污染率较高以及再生芽比例较低的问题，我们对农杆菌转化的每个环节进行了调整，如预培养时间、菌液浓度、侵染时间、共培养条件和时间、抗生素浓度等。这样得到的愈伤组织转化率较高，统计对照株的 GUS 染色阳性率可达 80%以上。为提高再生芽的比例，在筛选和分化过程中将 Kan 的浓度逐渐降低，即 50 mol/L→25 mol/L→15 mol/L。在共培养培养基中我们使用了对禾本类和其他单子叶植物转化有效的调节物质乙酰丁香酮，极大地提高了转化率。另外，在共培养后采用 0.01%的 Tween20 水溶液进行冲洗。研究表明，Tween20 是有效的表面活性剂，在 0.01%～0.05%的浓度下可以提高愈伤组织的转化率。

（3）利用基因枪法转化 *TaGSK1* 基因

利用 BIO-RAD 公司生产的气动式基因枪 Biolislic PDS-1000/He Particle Delivery System 进行基因转化。轰击前，选取继代 3 或 4 次、处于对数生长期的粒状致密的愈伤组织并将其分割成约 2 mm 大小，然后转移到高渗培养基上进行渗透处理 4 h，其间按文献（王关林和方宏筠，2002b）的方法制备微弹，重组质粒 pBI121-*TaGSK1* DNA 浓度为 1 μg/μL，DNA 沉淀剂采用 2.5 mol/L $CaCl_2$。按照基因枪使用说明书介绍的方法，利用浓度为 60 mg/mL 的金粉微弹，在样品室高度为 6 cm、真空度达 85 以上的条件下对处理材料进行轰击。每皿轰击 1 次，轰击后的材料再转入高渗培养基，暗培养 2 d。然后转入第一轮筛选培养基，于 25℃在光照下培养 15～20 d，弃掉褐化的愈伤组织块，将生长旺盛的转入第二轮筛选培养基，2 或 3 次继代后产生抗性愈伤组织。一部分抗性愈伤组织转入含盐分化培养基，对抗性愈伤组织进行耐盐性鉴定。另外的抗性愈伤组织先后在预分化培养基及盐胁迫和分化培养基上进行愈伤组织的分化培养，诱导转基因再生植株。

其中，敏盐材料 H8706-34 的 162 块愈伤组织，利用基因枪转化后转接于筛选培养基上继续培养，统计结果表明：褐化死亡率为 36.4%，存活率为 63.6%。再将经 Kan 筛选后存活的 103 块转基因愈伤组织转接到含 0.5% NaCl 的分化培养基上进行抗性筛选，20 d 后有 13 块分化出了根和芽（图 4-39a），分化率达 12.6%；而未经转化的对照愈伤组织在含盐分化培养基上的存活率平均为 6.3%，大部分褐化死亡（图 4-39b），并且存活的愈伤组织不能继续分化。这一结果表明，受体小麦愈伤组织转基因后的耐盐性有了明显提高，显然与 *TaGSK1* 基因导入有关。初步说明 *TaGSK1* 基因与小麦的耐盐性有密切关系，该基因的过表达可以提高小麦愈伤组织的耐盐性。

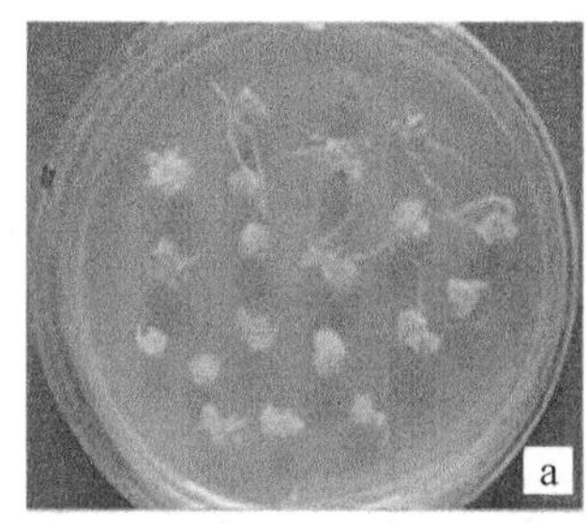

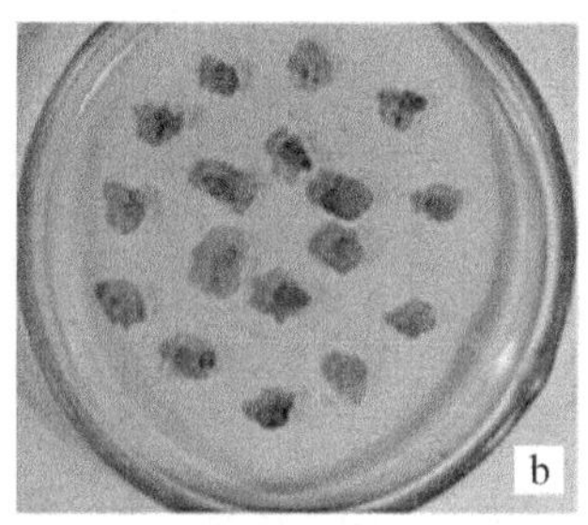

图 4-39　愈伤组织在含盐培养基上的筛选和分化（徐涛等，2006）（见图版）
（a）转基因耐盐愈伤组织；（b）不耐盐愈伤组织（阴性对照）

Christou 等（1991）认为基因枪转化实验中，报告基因与目的基因很难分离，其遗传方式是共分离的。也就是说，我们可以通过检验报告基因来检测目的基因的存在，同时考虑到受体愈伤组织 DNA 含有 GSK，故我们选择通过检测报告基因 NPT II 说明与之紧密连锁的外源基因的存在。随机选取 24 个抗性愈伤组织块，DNA 的提取参照王关林和方宏筠（2002b）的方法进行。然后利用 PCR 方法检测 *NPT II* 基因，以质粒 pBI121 为正对照，未转化的愈伤组织为阴性对照。PCR 扩增结果表明，其中 3 个 DNA 样品扩增出 *NPT II* 基因片段（约 500 bp），证明与 *NPT II* 连锁的外源基因 *TaGSK1* 也已成功整合到被检愈伤组织 DNA 中（图 4-40）。另外 21 个样品未扩增出 *NPT II* 基因片段，该批转基因愈伤组织的阳性检出率为 13%。

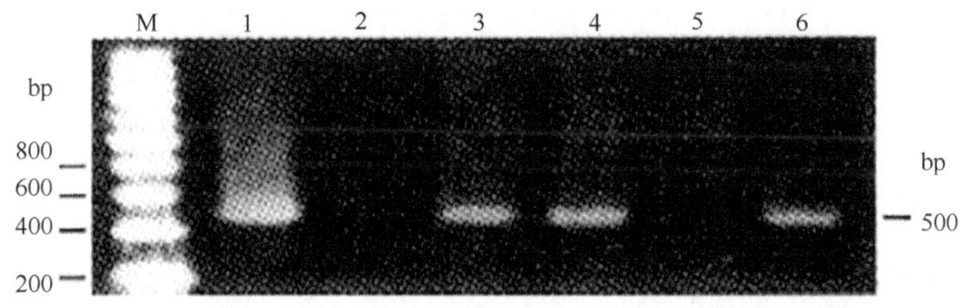

图 4-40　愈伤组织 DNA 的 PCR 电泳结果（徐涛等，2006）
M. 200 bp DNA ladder；1. CK^+；2. CK^-；3、4 和 6. 阳性愈伤组织；5. 非转基因愈伤组织

基因枪法转化率受许多因素的影响，如物理因素、生物因素和环境因素。基因枪的轰击参数，如粒子速度、入射浓度、阻挡板至样品室高度、轰击次数等均是影响基因枪法转化率的物理因素。微弹的速度是影响转化率的一个重要物理因素，它直接决定了微弹对细胞和组织的作用力及产生损伤的程度，不同的植物材料、不同的转化要求，应选择不同的速度。特别需要指出的是，应准确控制微弹

的飞行速度和飞行方向，确保 DNA 微弹载体最有效地射入感受态的植物细胞是最重要的问题。

本实验在物理因素方面做了一些处理来努力提高基因枪法的转化率。使用金粉包裹 DNA 进行转化能提高转化率（Christou，1988）。采用 1100 Psi、1350 Psi、1550 Psi 三种轰击力度，分别以不同的阻挡网与靶细胞距离对不同材料进行轰击，均获得抗性愈伤组织。统计不同射程即靶细胞与阻挡网间距离、轰击力度下获得抗性愈伤组织的百分数，结果见表 4-24。表明采用 1100 Psi 和 1350 Psi 的轰击力度对成熟胚愈伤组织进行轰击的效果较好；射程 6 cm 较为理想。另外，在对 DNA 进行沉淀处理时，使用亚精胺更有助于 DNA 附着在金粉颗粒表面。

表 4-24　轰击力度和射程对小麦成熟胚愈伤组织分化的影响（徐涛，2003）

小麦品系	轰击力度（Psi）	射程（cm）	轰击愈伤数（块）	分化绿斑数（块）
中国春	1100	12	20	3
	1350	12	20	2
	1350	6	20	4
	1550	12	60	0
	1550	6	20	1
H8706-34	1100	6	40	6
	1100	12	60	3
	1350	6	40	4
	1350	12	40	3
	1550	6	20	2
极早熟	1100	12	40	2
	1350	12	20	0
G8901	1100	6	40	4
	1350	12	20	1

3. 转 *TaGSK1* 拟南芥耐盐性的研究

将 *TaGSK1* 的可读框（open reading frame，ORF）序列与绿色荧光蛋白基因（*GFP*）构建成 *TaGSK1-GFP* 融合基因并连接到 CaMV35S 启动子下游（图 4-41）。分别将转 *TaGSK1-GFP* 融合基因、*GFP* 基因和对照野生型（WT）拟南芥的种子种植于含盐量不同（70 mmol/L NaCl、120 mmol/L NaCl）的 MS 培养基上，7 d 后测量三类幼苗主根的生长量。在含 70 mmol/L NaCl 的培养基上，*TaGSK1-GFP*、*GFP* 转基因拟南芥和对照野生型拟南芥（WT）的主根生长量分别为 8.509 cm、6.722 cm 和 1.493 cm（图 4-42 和表 4-25）；新复极差测验（SSR）结果显示，*TaGSK1-GFP* 转基因拟南芥与 *GFP* 转基因拟南芥之间差异极显著（$P<0.01$），*TaGSK1-GFP* 转

基因植株与 WT 之间差异显著（$P<0.05$）。在含 120 mmol/L NaCl 的 MS 培养基上，三类植株的主根生长量分别为 4.600 cm、2.532 cm 和 0.719 cm；新复极差测验结果显示，*TaGSK1-GFP* 转基因植株与 *GFP* 转基因植株之间、*TaGSK1-GFP* 转基因植株与 WT 之间均存在极显著差异（$P<0.01$）（表 4-25）。说明 TaGSK1 能够增加转基因拟南芥在含盐培养基上主根的生长量，在较高浓度的含盐培养基上作用更明显。

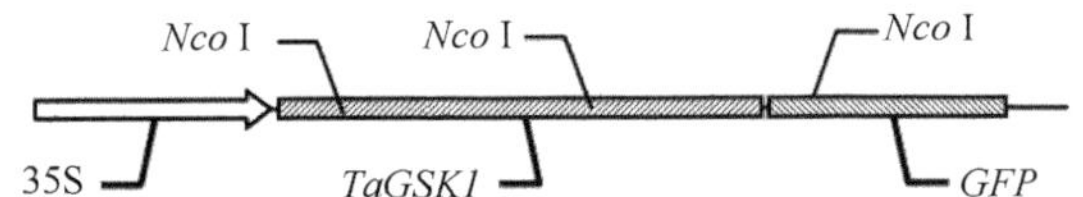

图 4-41　*TaGSK1-GFP* 融合基因示意图（修改自吴立柱，2004）

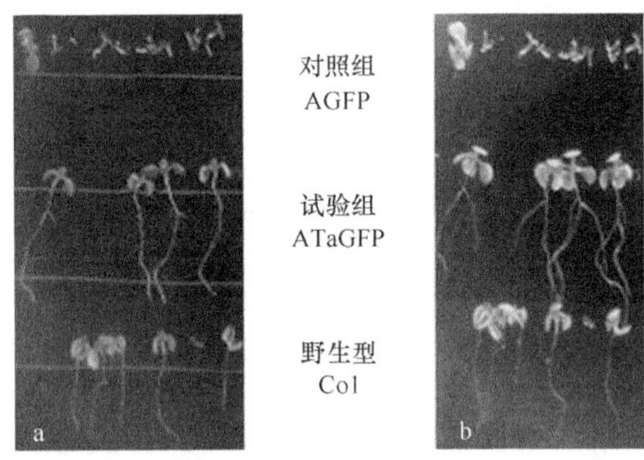

图 4-42　转基因拟南芥主根和侧根的生长观察（吴立柱等，2006）（见图版）
（a）70 mmol/L NaCl 胁迫 7 d 后主根生长量；（b）70 mmol/L NaCl 胁迫 9 d 后侧根生长数量

表 4-25　转基因拟南芥主根生长量的 SSR 测验（N=50，SE=0.5036）（吴立柱，2004）

处理	基因型	平均	差异显著性	
			5%	1%
70 mmol/L NaCl	*TaGSK1-GFP*	8.509	a	A
	WT	6.722	b	A
	GFP	1.493	de	C
120 mmol/L NaCl	*TaGSK1-GFP*	4.600	c	B
	WT	2.532	d	C
	GFP	0.719	e	C

注：凡是含有相同字母的材料之间没有显著差异，没有相同字母的材料之间存在显著差异（小写字母）或极显著差异（大写字母）

分别统计种植 9 d 后 *TaGSK1-GFP*、*GFP* 转基因拟南芥和对照野生型拟南芥（WT）的侧根生长数量，测量结果显示上述三类幼苗在含 70 mmol/L NaCl 的 MS 培养基上侧根生长数量分别为 1.737 条、0.673 条和 0.034 条（图 4.42b 和表 4-26）。

在含 120 mmol/L NaCl 的培养基上依次为 0.976 条、0.289 条和 0.000 条；差异显著性分析结果显示，在两种不同含盐量的培养基上各类植株间侧根生长数量的差异均达到极显著水平（$P<0.01$）（表 4-26）。说明 TaGSK1 能够提高拟南芥的盐耐受能力，对侧根的生长有明显的促进作用。

表 4-26　转基因拟南芥侧根生长数量的 SSR 测验（N=50，SE=0.1574）（修改自吴立柱，2004）

处理	基因型	平均	差异显著性	
			5%	1%
70 mmol/L NaCl	*TaGSK1-GFP*	1.737	a	A
	WT	0.673	bc	BC
	GFP	0.034	d	D
120 mmol/L NaCl	*TaGSK1-GFP*	0.976	b	B
	WT	0.289	cd	CD
	GFP	0.000	d	D

注：凡是含有相同字母的材料之间没有显著差异，没有相同字母的材料之间存在显著差异（小写字母）或极显著差异（大写字母）

（四）TaGSK1 的亚细胞定位

在转基因拟南芥中用共聚焦显微镜进行 TaGSK1 的亚细胞定位观察，发现对照植株（GFP）的绿色荧光在细胞核、细胞质均有分布，发生质壁分离后明确显示绿色荧光蛋白 GFP 主要分布于细胞核和细胞质中，细胞壁及其他部位没有发现荧光（图 4-43）。而转 *TaGSK1-GFP* 融合基因的拟南芥植株的绿色荧光主要分布于细胞质，发生质壁分离后细胞膜有微弱荧光，而其他部位没有荧光（图 4-44）。由此可见，小麦糖原合成酶激酶 TaGSK1 主要分布于植物细胞的细胞质和细胞膜。

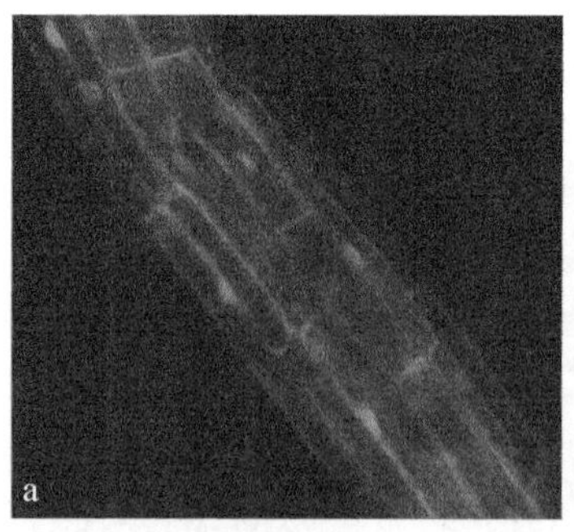

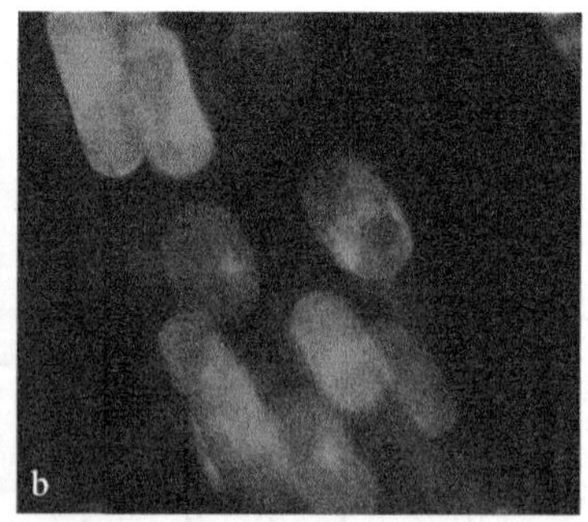

图 4-43　4 日龄转 *GFP* 基因拟南芥根部细胞的质壁分离实验（吴立柱等，2006）（见图版）

（a）拟南芥根部细胞质壁分离前的荧光图；（b）拟南芥根部细胞质壁分离后的荧光图（质壁分离液：1.3 mol/L 蔗糖）

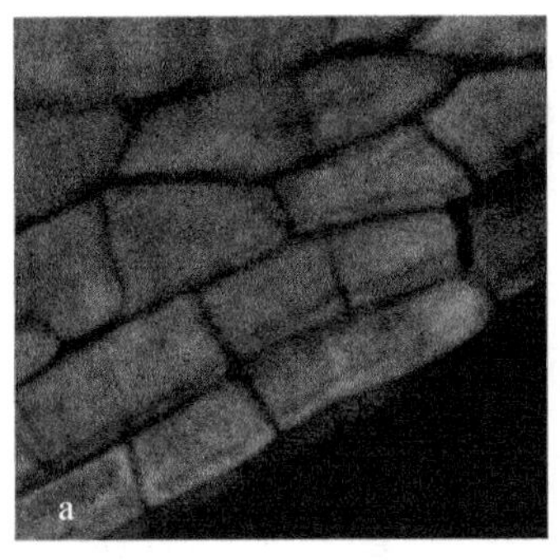
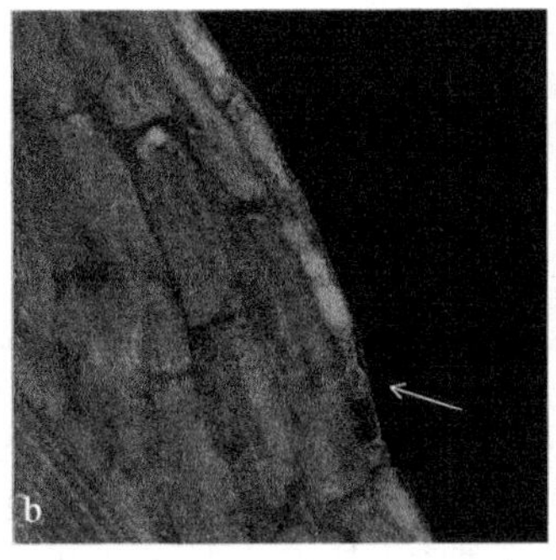
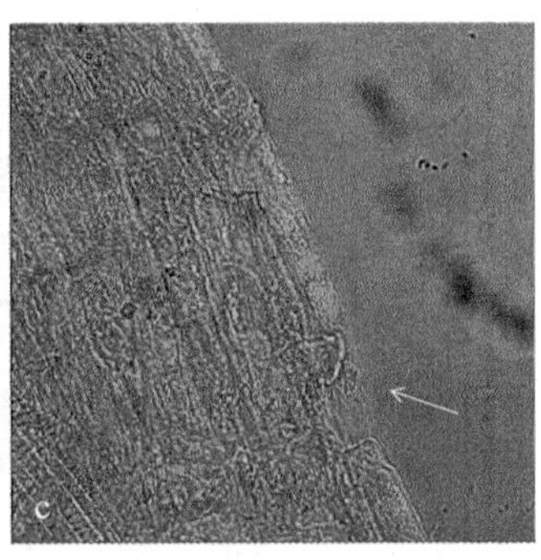

图 4-44　6 日龄转 *TaGSK1-GFP* 基因拟南芥根部细胞的质壁分离实验（吴立柱等，2006）（见图版）
（a）拟南芥根部细胞质壁分离前的荧光图（b）拟南芥根部细胞质壁分离后的荧光图（箭头所指为发生质壁分离的细胞）；（c）拟南芥根部细胞质壁分离后荧光图与细胞投射图的叠加效果图（质壁分离液：2.0 mol/L 蔗糖）

另外，对不同生长天数的转基因拟南芥根部细胞进行质壁分离处理 15 min 后，采用共聚焦显微镜观察发现，4 日龄和 6 日龄对照组拟南芥（GFP）根部细胞分别在 0.8 mol/L 和 1.3 mol/L 的蔗糖溶液中发生质壁分离（图 4-43），而转 *TaGSK1-GFP* 融合基因的拟南芥植株根部细胞未发生质壁分离；分别将蔗糖溶液浓度提高至 1.3 mol/L 和 2.0 mol/L 处理后转 *TaGSK1-GFP* 融合基因的拟南芥部分细胞才发生质壁分离（图 4-44）。说明 TaGSK1 具有增强植物细胞抗胁迫和抗渗透能力的功能。

（五）TaGSK1 的耐盐机制研究

利用共聚焦显微镜对转基因拟南芥根部进行观察，发现 *TaGSK1-GFP* 转基因植株的绿色荧光主要分布于根尖分生组织，而在根尖的根冠部分没有绿色荧光（图 4-45）。此外，侧根基部（图 4-46）以及与侧根发生有关的中柱鞘细胞（图 4-47）亦有较多的绿色荧光存在，在根毛细胞（RH）内呈区域化分布（图 4-48）。但在对照组（GFP）拟南芥中未发现上述现象。说明糖原合成酶激酶主要分布于根尖分生组织、侧根基部以及与侧根发生有关的中柱鞘细胞。这一结果与本研究的转

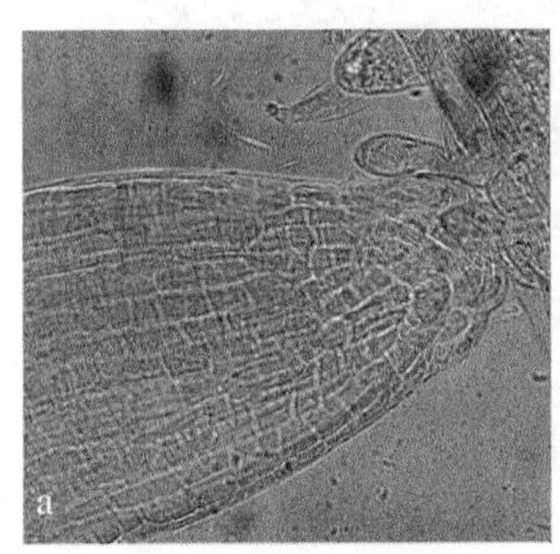
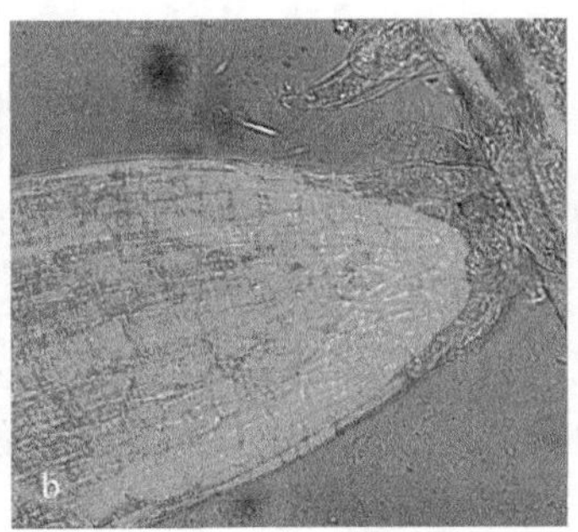
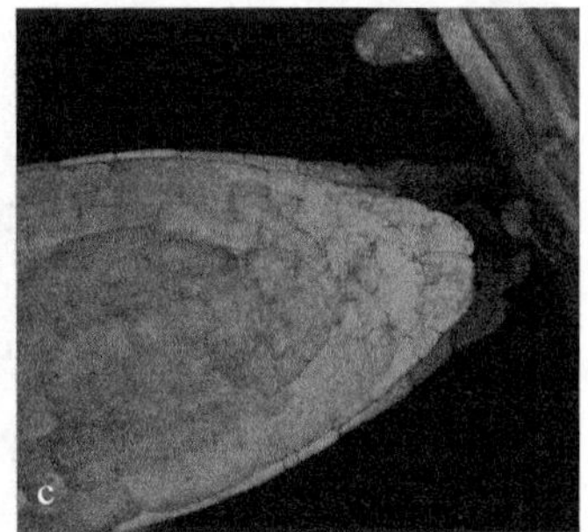

图 4-45　转 *TaGSK1-GFP* 基因拟南芥根尖细胞的荧光观察（吴立柱等，2006）（见图版）
（a）根尖细胞的透射图；（b）根尖细胞荧光图和透射图的叠加效果图；（c）根尖细胞的荧光图

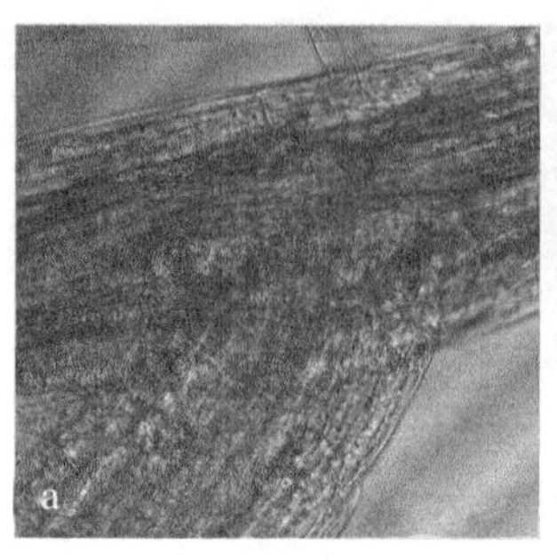

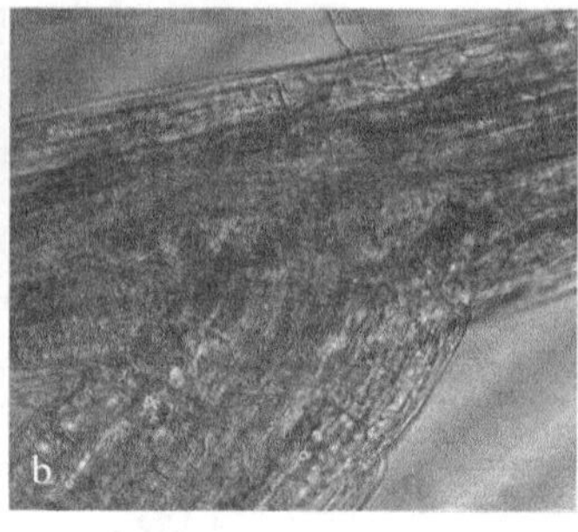

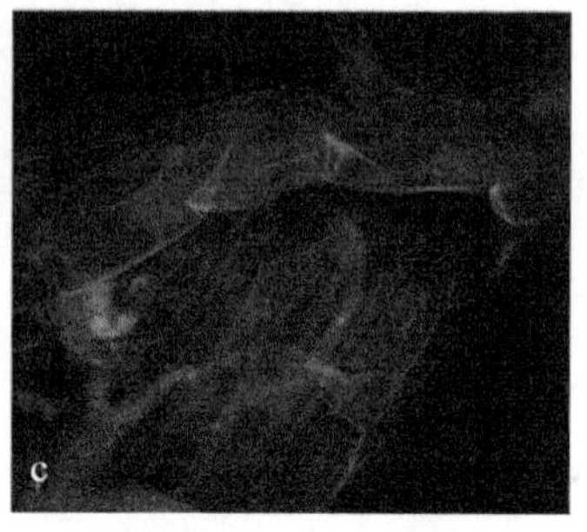

图 4-46　转 *TaGSK1-GFP* 基因拟南芥侧根基部细胞的荧光观察（吴立柱等，2006）（见图版）

（a）侧根基部细胞的透射图；（b）侧根基部细胞荧光图和透射图的叠加效果图；（c）侧根基部细胞的荧光图

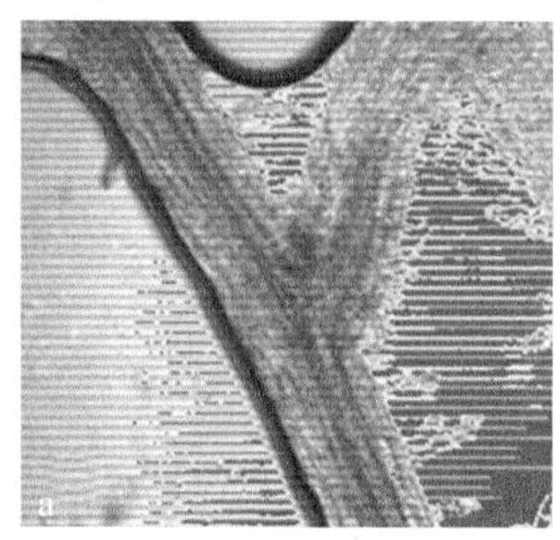

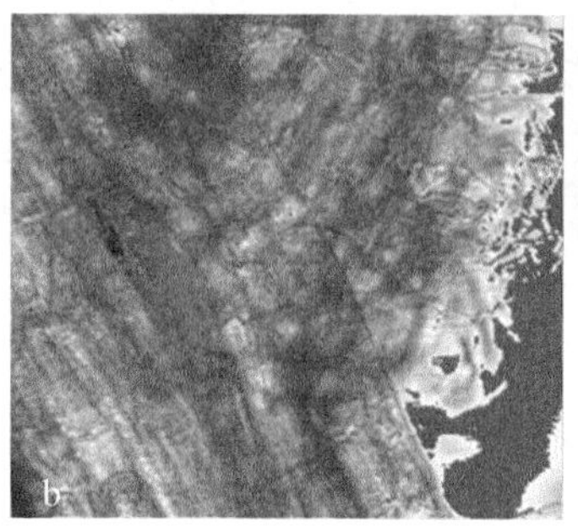

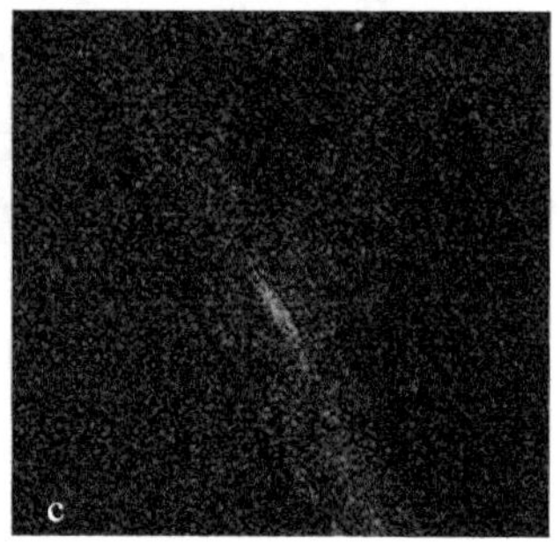

图 4-47　转 *TaGSK1-GFP* 基因拟南芥与侧根发生有关的中柱鞘细胞的荧光观察（吴立柱等，2006）（见图版）

（a）中柱鞘细胞的透射图；（b）中柱鞘细胞荧光图和透射图的叠加效果图；（c）中柱鞘细胞的荧光图

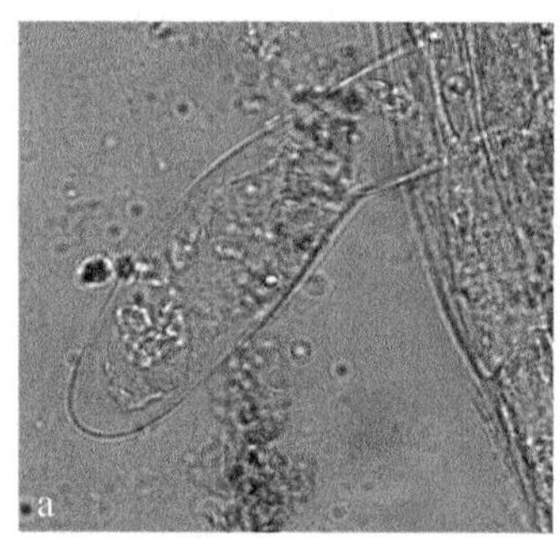

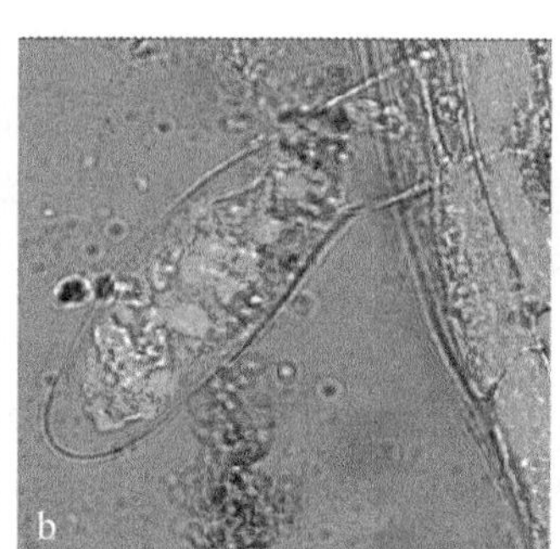

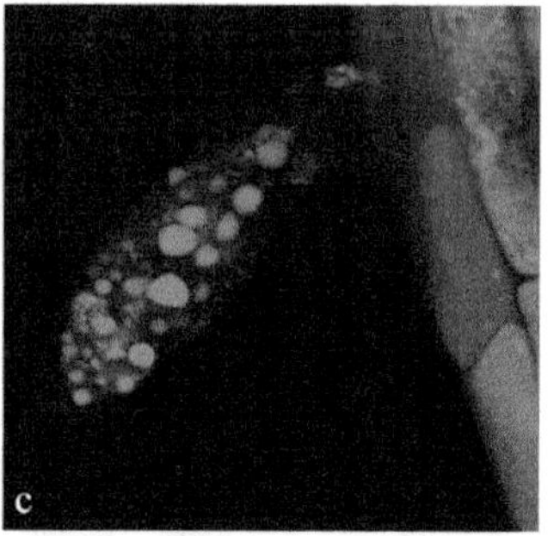

图 4-48　转 *TaGSK1-GFP* 基因拟南芥根毛细胞的荧光观察（吴立柱等，2006）（见图版）

（a）根毛细胞的透射图；（b）根毛细胞荧光图和透射图的叠加效果图；（c）根毛细胞的荧光图

TaGSK1-GFP 融合基因拟南芥在含盐培养基上的主根生长量和侧根生长数目明显多于对照的事实相对应。由此推测，小麦糖原合成酶激酶 TaGSK1 具有促进细胞增殖的作用。

如前所述，小麦糖原合成酶激酶 TaGSK1 主要分布于细胞质，对细胞增殖有促进作用，且参与了盐胁迫下的应答反应。其具体的生理功能表现为提高了转基因植物的抗胁迫和抗渗透能力，对转基因植物主根和侧根的分生有明显的促进作用。这些结果与糖原合成酶激酶在根尖分生组织和与侧根发生有关的中柱鞘细胞中分布较多有直接关系。此外，TaGSK1 在转基因植株的初生根毛细胞内呈区域化分布（图 4-48），也是该激酶参与植物细胞胁迫应答反应的依据之一。这是因为根毛是由根表皮细胞外壁向外延伸形成的，具有吸收和固着作用，是植物细胞从外界吸收各种离子最活跃的区域，这一事实不仅说明该激酶主要分布于细胞质，也说明其参与了胁迫下植物细胞的应答反应。

综上，TaGSK1 的耐盐机制为：TaGSK1 在植物体内主要分布于分生组织，受上游信号调控，促进分生组织细胞的分裂，从而表现为主、侧根生长量的增加和侧根数目的增多；TaGSK1 具有钙调素结合域，可能在胞内受钙调素的调节，从而可调节胞内渗透压，提高植物细胞的抗胁迫和抗渗透能力，从而表现出载有该基因的细胞不易发生质壁分离（图 4-49）。

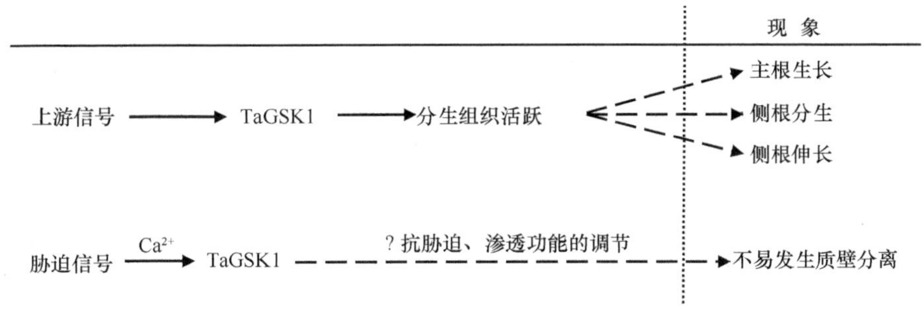

图 4-49　小麦糖原合成酶激酶 TaGSK1 的细胞信号转导路径（吴立柱，2004）

（六）小麦糖原合成酶激酶基因（*TaGSK1*）的染色体定位

本实验室长期从事小麦耐盐性相关的研究，通过小麦花药组织培养和 EMS 诱变，从“一粒传”小麦后代中获得一系列耐盐性状有明显差异的品系。利用 cDNA-AFLP 技术自小麦耐盐突变体 RH8706-49 中分离克隆小麦糖原合成酶激酶（Chen et al.，2003b），经原核表达鉴定其能明显提高受体菌 *E. coli* 的耐盐性（Xu，2004）。但目前尚未见关于该基因染色体定位的研究。本实验用 Southern 杂交和生物信息学的方法对小麦糖原合成酶激酶基因进行了染色体定位研究。

基因定位是生物遗传研究的重要工作之一，是现代生物育种，特别是利用基因工程技术定向改良生物的基础。随着现代生物技术的发展，小麦基因定位由利用经典的染色体基因遗传学原理向更为精确的分子遗传学方向延伸，最终将解析小麦的遗传组成，为更好地利用小麦基因资源服务。

利用‘中国春’缺体-四体（nulli-tetrasomes）对小麦糖原合成酶激酶基因 *TaGSK1* 进行定位。‘中国春’缺体-四体是一套很好的小麦基因定位材料，共 21

份材料，分别是 N1A、N1B、N1D、N2A、N2B、N2D、N3A、N3B、N3D、N4A、N4B、N4D、N5A、N5B、N5D、N6A、N6B、N6D、N7A、N7B 和 N7D。‘中国春’缺体-四体系的基因组仍然是六倍体，有 42 条染色体。与正常六倍体不同的是，在某一同源群中，缺失一对同源染色体的同时，多了另外一对同源染色体，如 N1AT1B 材料就是基因组中缺少了一对 1A 染色体，多了一对 1B 染色体。这样，对 1A 而言是缺体，对 1B 而言是四体，但对整个基因组来说依然是完整的六倍体。1A、1B 和 1D 属于部分同源群，相互之间有一定的互补性，其他同源群也是如此。因此，缺体-四体小麦一般情况下都能正常生长。

1. *TaGSK1* 基因的 Southern 杂交分析

对 *TaGSK1* 基因序列分析表明，该基因内部没有限制性内切核酸酶 *Eco*RI的酶切位点，但有限制性内切核酸酶 *Kpn*I的一个酶切位点，由此推测，六倍体小麦基因组 DNA 经 *Eco*RI酶切后，其杂交带数目可能能够真实反映 *TaGSK1* 基因的拷贝数，而对于 *Kpn*I，由于基因 *TaGSK1* 含有 *Kpn*I酶切位点，因此其杂交信号带的数目可能超过 *TaGSK1* 基因的实际拷贝数。

在图 4-50 中，N1A、N1B、N1D、N2A、N2B、N2D、N3A、N3B、N3D、N4A、N4B、N4D、N5A、N5B、N5D、N6A、N6B、N6D、N7A、N7B 和 N7D 为小麦缺体-四体的 21 个系，N 表示缺少某一对染色体。Southern 杂交结果表明，小麦基因组 DNA 经 *Eco*RI酶切后的杂交信号带只有 3 条（图 4-50a），其中在 N1A 泳道，缺失第 3 条杂交带，在 N1B 泳道，缺失第 1 条杂交带，在 N1D 泳道，缺失第 2 条杂交带，由此初步断定，*TaGSK1* 的 3 个拷贝分别定位于 1A、1B 和 1D 染色体上。小麦基因组 DNA 经 *Kpn*I酶切后，有 5 条杂交信号带（图 4-50b），其中在 N1A 泳道，缺失第 1、3 条杂交带（说明 A 基因组上 *TaGSK1* 的一个拷贝被切割成两部分），在 N1B 泳道，缺失第 5 条杂交带，在 N1D 泳道，缺失第 2、4 条杂交带（说明 A、D 基因组上 *TaGSK1* 的两个拷贝分别被切割成两部分，而 B 基因组上的一个拷贝没有被切割），这说明在 *TaGSK1* 的 B 基因组拷贝中，可能由于变异或其他原因 *Kpn*I的酶切位点消失，而在 A、D 基因组拷贝中，*Kpn*I的酶切位点正常。根据图 4-50b 的杂交结果也可以将 *TaGSK1* 基因定位于小麦 1A、1B 和 1D 染色体上。比较图 4-50a 和 b 的杂交结果，不难发现，采用不同酶酶切得到的结果完全吻合，同时与最初对 *TaGSK1* 序列分析的结果基本一致。

2. *TaGSK1* 基因的生物信息学分析

将 *TaGSK1* 基因 cDNA 序列提交到 GrainGenes 数据库（http：//wheat.pw.usda.gov）进行序列比对，结果发现 *TaGSK1* 与小麦 EST 序列（Accession No. BF291549）具有很高的相似性[Score＝442，*E*-value＝e-124，Identities = 250/259（96%）]，

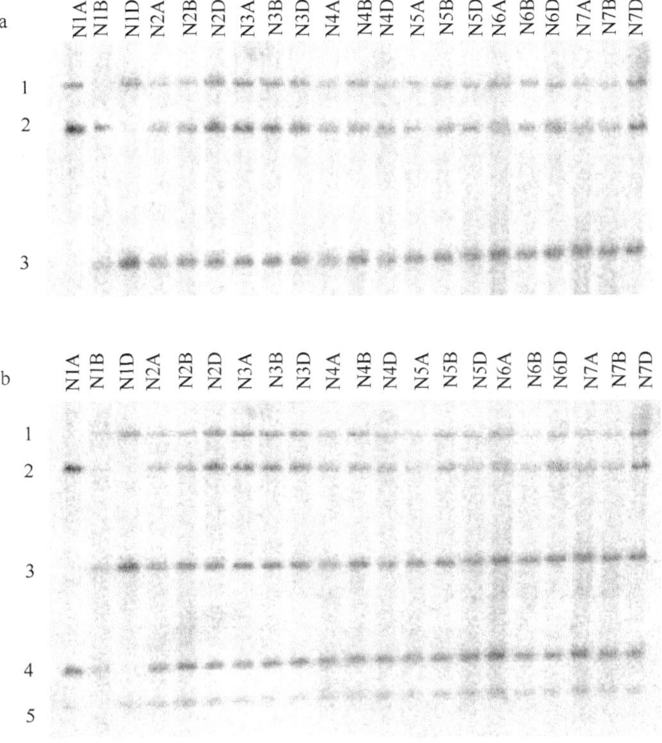

图 4-50　小麦糖原合成酶激酶基因（*TaGSK1*）缺体-四体定位分析（李亚青等，2006）

（a）*Eco*RI的酶切 Southern 杂交分析；（b）*Kpn*I的酶切 Southern 杂交分析

说明二者很可能是同一个基因。另外，比对结果显示，该 EST（BF291549）已经被定位到小麦的 1AS、1BS 和 1DS 上（图 4-51）。由此可以进一步得知，*TaGSK1* 基因位于 1A、1B 和 1D 染色体的短臂上。

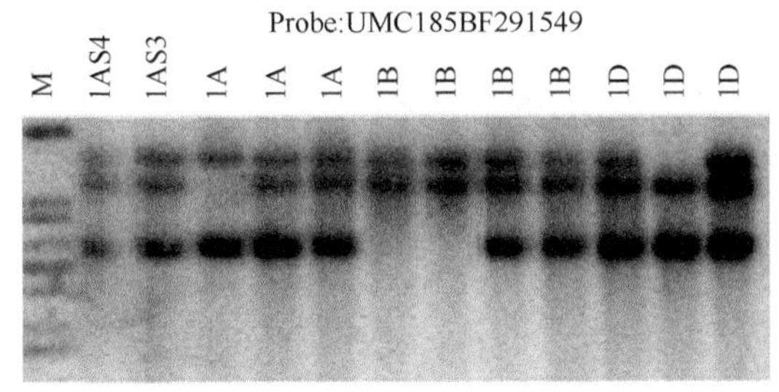

图 4-51　*TaGSK1* 基因缺失系定位（李亚青等，2006）

在 *TaGSK1* 基因的碱基序列中，没有限制性内切核酸酶 *Eco*RI的酶切位点，经 *Eco*RI酶切、杂交后，‘中国春’的 N1A、N1B 和 N1D 材料分别缺少一条杂交信号带，说明小麦的基因组中有 3 个拷贝，即 1A、1B 和 1D 染色体上各有一个拷贝。限制性内切核酸酶*Kpn*I在*TaGSK1*基因cDNA序列中有一个酶切位点，位于870 bp附近，根据图4-50a的结果，图4-50b应该有6条带，但图4-50b中只出现了5条带，其中一个很可能的原因是*TaGSK1*的B基因组拷贝发生了变异，因为相对A、D基因组而言，B基因组的变异更丰富一些（贾继增等，2001）。另外，不排除其他可能出现单一杂交信号带的原因，如酶切片段较短、电泳时跑出凝胶，因此未能出现杂交信号。

GrainGenes数据库（http：//wheat.pw.usda.gov）原名为小麦族EST协作网，由国际小麦族EST协作组织（International Triteace EST Coorperation，ITEC）创建（Luo and Jia，2000）。该组织利用小麦缺失系对近16 000条小麦EST进行了定位（Qi，2004），是利用生物信息学方法进行基因定位的有效辅助工具。本研究利用该网站对使用缺体-四体定位得到的结果进行了验证，并将该基因进一步定位在1A、1B和1D染色体的短臂上，说明采用这种方法是可行的。

四、小麦丝氨酸/苏氨酸蛋白激酶基因 *TaSTK*

陈桂平（2001）利用cDNA-AFLP技术检测，耐盐突变体RH8706-49和敏盐突变体H8706-34在盐胁迫前、后具有大量明显差异表达的条带（图4-52）。通过NCBI-Blast检索，发现88号cDNA序列与水稻putative protein serine/threonine kinase基因*XM_465954*全长序列具有高度同源性，推测本片段可能属于小麦丝氨酸/苏氨酸蛋白激酶家族。88号cDNA片段在两种小麦材料中均为组成型表达，当受到盐胁迫后，表达都有所增加，但在耐盐小麦RH8706-49中被诱导表达增强的程度要高于敏盐小麦H8706-34。因此，该片段可能与小麦的耐盐机制具有密切关系。

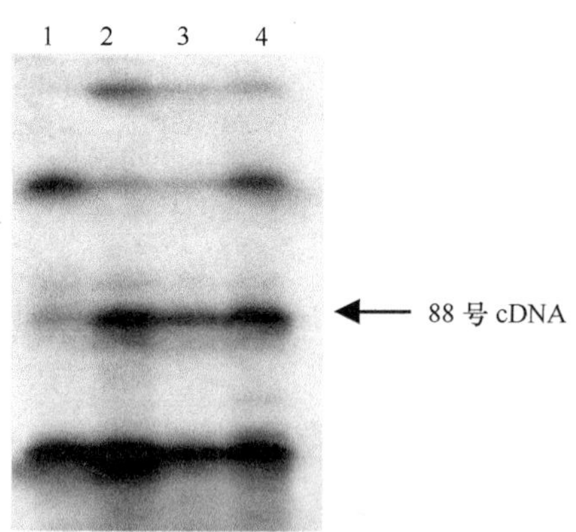

图4-52 小麦耐盐突变体盐胁迫前、后的cDNA-AFLP分析（陈桂平等，2003）

1. 未经盐胁迫的RH8706-49；2. 盐胁迫处理的RH8706-49；3. 未经盐胁迫的H8706-34；4. 盐胁迫处理的H8706-34

（一）*TaSTK* 基因的全长 cDNA 序列克隆与分析

利用 88 号 cDNA 片段序列信息，通过 3′-RACE、5′-RACE 过程得到 1958 bp 的全长 cDNA 序列。然后根据拼接 cDNA 序列的 5′端和 3′端非编码区设计引物，利用 Pfu 酶，以小麦 cDNA 为模板进行 PCR 扩增，获得了长度为 1535 bp 的目的片段（图 4-53），经过回收、连接、转化、测序，最终获得 88 号 cDNA 的全长序列。

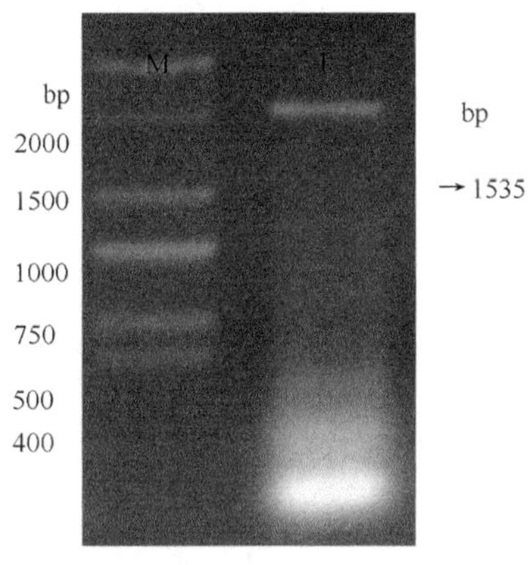

图 4-53　*TaSTK* 基因 cDNA 扩增结果（葛荣朝等，2007）

M. Marker；1. PCR 扩增结果

88 号 cDNA 全长序列中可读框为 1431 bp，编码 476 个氨基酸（图 4-54）。利用 NCBI Blast 比对发现，该基因的氨基酸序列与丝氨酸/苏氨酸蛋白激酶（S_TKc）、酪氨酸蛋白激酶（TyrKc）、蛋白激酶（Pkinase）具有较高的同源性，说明该 cDNA 编码的蛋白质属于丝氨酸/苏氨酸蛋白激酶家族，并具酪氨酸激酶特性。根据上面的分析，该 cDNA 被命名为 *TaSTK*（*Triticum aestivum* putative serine/threonine protein kinase）。利用 Mapped wheat ESTs 库分析，初步推断 *TaSTK* 基因定位于小麦的 2BL、2DL 染色体上，可能有 2 个拷贝。通过对小麦基因组 DNA 扩增发现，*TaSTK* 基因 DNA 全长为 4095 bp，共包含 5 个外显子（1～177 bp、780～985 bp、1363～1544 bp、2829～3227 bp、3629～4095 bp）。该基因的全长 cDNA 序列及基因组序列均已提交到 GenBank 数据库（登录号：DQ103756，DQ341377）。另外，通过对 RH8706-49 和 H8706-34 小麦中 *TaSTK* 全长 cDNA 序列分析发现，其编码区碱基序列完全一致。通过 NCBI-Blastp 比对，小麦 *TaSTK* 的部分氨基酸序列与水稻、大麦、拟南芥、油菜、紫花苜蓿、野生葡萄、黑杨的相应氨基酸序列具有较高同源性。

```
1    CACAGCTANATGAATTAAGGCCTATCCAGGTGAGCAGATTGAACAAGTTTGTACAAAAAAGCAGGCTGGTACCGCTCCGGAATTCCCGTG
91   GATATCGTCGACCCACGCGTCCGACCGCGTCGGCTCACGGAGTCCACCACCAGTCTCCTCCCCTCCTCCTCCTCCTACCCCCGCCTCCAA
181  GGCCCCTCCGCCCGCCCGCCGACCTGGTCCGCTGGTCCGGGGTGCTCTGTCCGGCACGAATCCAGCGGCGCTTGTTGCGGAATGCGGGGA
271  GTTCATTGGTGAGCCGCTATGTGTTGCTTCCCGTGCTTCGATTCGGGCGCCGACGGGGAGCTGCTCTACCCCAAGCAGGGCGGCGGAGGC
1                      M  C  C  F  P  C  F  D  S  G  A  D  G  E  L  L  Y  P  K  Q  G  G  G  G
361  GGCGGAAATGGCACGGGCGGACGGACTGTGTCCGCGGCATCGTCCTCCGGCGTCGGCGCCCGCGAGGAGAGACCCATGGTCCCGCCGCGC
25   G  G  N  G  T  G  G  R  T  V  S  A  A  S  S  S  G  V  G  A  R  E  E  R  P  M  V  P  P  R
451  GTCGAGAAGCTCCCCGCAGGGGCTGAGAAGGCAAGGGCAAAAGGCAATGCCGGAATGAAGGAGCTTTCAGATCTCAGGGATGCCAATGGC
55   V  E  K  L  P  A  G  A  E  K  A  R  A  K  G  N  A  G  M  K  E  L  S  D  L  R  D  A  N  G
541  AATGTCCTTTCTGCGCAGACGTTCACCTTCCGCCAGCTTACAGCTGCCACGAGGAACTTCAGGGAGGAATGCTTCATTGGGGAGGGAGGG
85   N  V  L  S  A  Q  T  F  T  F  R  Q  L  T  A  A  T  R  N  F  R  E  E  C  F  I  G  E  G  G
631  TTCGGACGTGTTTACAAGGGCCGTCTTGATGGAGGCCAGGTTGTTGCTATAAAGCAGCTCAATAGGGATGGAAACCAAGGAAACAAAGAA
115  F  G  R  V  Y  K  G  R  L  D  G  G  Q  V  V  A  I  K  Q  L  N  R  D  G  N  Q  G  N  K  E
721  TTTCTGGTGGAGGTCCTCATGCTCAGTTTGCTGCATCATCAAAACCTCGTTAATTTGGTTGGTTATTGTGCTGATGGAGAGCAACGCCTT
145  F  L  V  E  V  L  M  L  S  L  L  H  H  Q  N  L  V  N  L  V  G  Y  C  A  D  G  E  Q  R  L
811  CTGGTGTATGAGTATATGCCCCTTGGATCATTGGAAGACCATCTCCATGATCTCCCTCCTGATAAGGAACCGTTGGACTGGAACACTAGG
178  L  V  Y  E  Y  M  P  L  G  S  L  E  D  H  L  H  D  L  P  P  D  K  E  P  L  D  W  N  T  R
901  ATGAAAATTGCAGCTGGTGCTGCTAAAGGGCTGGAATACCTCCATGACAAGGCACAACCACCAGTTATGTGTAGAGATTTCAAGTCATCA
205  M  K  I  A  A  G  A  A  K  G  L  E  Y  L  H  D  K  A  Q  P  P  V  M  C  R  D  F  K  S  S
991  AATATTCTATTGGGTGATGATTTCCATCCAAAGCTGTCAGACTTTGGTCTCGCTAAATTGGGTCCTGTTGGTGACAAGTCTCATGTCTCT
235  N  I  L  L  G  D  D  F  H  P  K  L  S  D  F  G  L  A  K  L  G  P  V  G  D  K  S  H  V  S
1081 ACACGTGTGATGGGAACATACGGCTATTGTGCTCCAGAATATGCTATGACAGGGCAACTTACAGTCAAGTCAGATGTCTATAGCTTTGGA
265  T  R  V  M  G  T  Y  G  Y  C  A  P  E  Y  A  M  T  G  Q  L  T  V  K  S  D  V  Y  S  F  G
1171 GTGGTGTTGCTTGAGTTGATTACTGGCCGGAAGGCCATTGACAGCACCAGACCTCATGGGGAACAAAACCTCGTGTCATGGGCACGCCCT
295  V  V  L  L  E  L  I  T  G  R  K  A  I  D  S  T  R  P  H  G  E  Q  N  L  V  S  W  A  R  P
1261 CTTTTCAATGACAGGCGGAAGCTCCCAAAGATGGCTGATCCAGGGCTGCAGGGACGATATCCCATGCGTGGGCTCTACCAAGCCCTCGCT
325  L  F  N  D  R  R  K  L  P  K  M  A  D  P  G  L  Q  G  R  Y  P  M  R  G  L  Y  Q  A  L  A
1351 GTGGCGTCAATGTGTATTCAGTCAGAGGCTGCTTCGCGACCACTTATCGCTGATGTTGTGACTGCTCTTTCCTACTTGGCGTCCCAAATT
355  V  A  S  M  C  I  Q  S  E  A  A  S  R  P  L  I  A  D  V  V  T  A  L  S  Y  L  A  S  Q  I
1441 TATGATCCTAATGCGATCCATGCCTCGAAAAAGGCAGGTGGCGACCAGCGAAGTAGGGTTTCTGATAGTGGAAGGACGCTCCTGAAGAAT
385  Y  D  P  N  A  I  H  A  S  K  K  A  G  G  D  Q  R  S  R  V  S  D  S  G  R  T  L  L  K  N
1531 GATGAGGCAGGCAGCTCAGGACACAAGTCGGATCGGGATGATTCCCCCAGGGAGCCTCCTCCGGGGATCCTTAATGACAGGGAGAGGATG
415  D  E  A  G  S  S  G  H  K  S  D  R  D  D  S  P  R  E  P  P  P  G  I  L  N  D  R  E  R  M
1621 GTGGCTGAGGCGAAGATGTGGGGTGCCAACCTGCGGGAGAAGACGCGTGCTGCTGCCAATGCACAGGGGAGCCTCGATTCTCCAACTGAA
445  V  A  E  A  K  M  W  G  A  N  L  R  E  K  T  R  A  A  A  N  A  Q  G  S  L  D  S  P  T  E
1711 ACCGGATAGTGGCAGTCGTCAACCTGTGGCCTTGTGTTTTCTCTCTGTCGATTGTGCTTGCTTTCGATTGGCGGGGAAAGATGAATTGGG
475  T  G  *
1801 TGCTTTCCGGTGGTGTTAGATGTGTACATTTATAGGGGCAAAGCAAAAACAAAACAAAGCAAGAGGAGAATTGGGTGGCTTTGTACTGGA
1891 TATGGTCGTACCTGTAAATTCTCGGAAAATTTTGCGACGATGGAGAACAGAAAAAAAAAAAAAAAAAA
```

图 4-54　*TaSTK* 基因 cDNA 序列和蛋白质氨基酸序列（葛荣朝等，2007）

方框标志. 起始密码子；着重号标志. 终止密码子；下划线标志. 蛋白激酶 ATP 结合位点；阴影标志. 钙调素结合位点；**黑体标志**. 蛋白激酶域

为了验证 *TaSTK* 基因在小麦不同耐盐突变体中以及盐胁迫前、后存在差异表达，以 *TaSTK* 基因 cDNA 片段为探针进行了 Northern 杂交。结果表明，在大约 2 kb 处出现一条杂交带。*TaSTK* 在 2 种不经盐胁迫的对照材料中表达很弱，而经过盐胁迫后表达增强，并且在耐盐材料 RH8706-49 中被诱导表达增强的程度高于敏盐材料 H8706-34，RH8706-49 在盐胁迫后的表达量是非盐胁迫状态下的 2.08 倍，而 H8706-34 在盐胁迫后的表达量是非盐胁迫下的 1.31 倍。因此，*TaSTK* 在耐盐材料 RH8706-49 中被诱导表达增强的程度高于敏盐材料 H8706-34（图 4-55）。

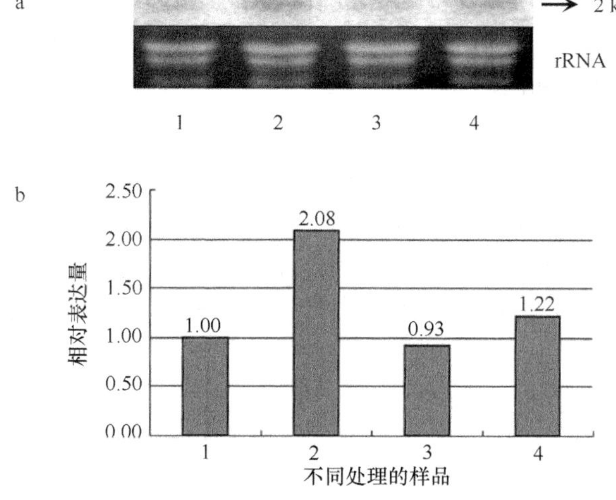

图 4-55　*TaSTK* 基因的 Northern 杂交（葛荣朝等，2007）

（a）*TaSTK* 基因的 Northern 杂交结果；（b）*TaSTK* 基因在 4 个样品中的相对表达量；1. 未经盐胁迫 RH8706-49，2. 盐胁迫处理 RH8706-49，3. 未经盐胁迫 H8706-34，4. 盐胁迫处理 H8706-34

（二）小麦 *TaSTK* 基因在拟南芥中的功能研究

对 *TaSTK* 阳性纯合转基因拟南芥进行 PCR（图 4-56）和 RT-PCR（图 4-57）检测，将阳性纯合转基因植株和对照植株移栽到含盐 MS 培养基上继续培养 6 d，测量主根的生长量并统计侧根数量。统计数据进行 *t* 检测分析发现，在含有 70 mmol/L NaCl 的 MS 培养基上，p1300-*TaSTK* 和 p1300 两组平均根长之间差异极显著（$P<0.01$），p1300-*TaSTK* 主根平均生长量为 7.75 cm，比 p1300 主根平均生长量增加 2.76 cm。在含有 120 mmol/L NaCl 的 MS 培养基上，p1300-*TaSTK* 和 p1300 之间差异同样达到极显著水平（$P<0.01$），p1300-*TaSTK* 主根平均生长量为 1.96 cm，比 p1300 主根平均生长量增加 1.25 cm。这说明小麦丝氨酸/苏氨酸蛋白激酶能够增加转基因拟南芥在含盐培养基上主根的生长量。

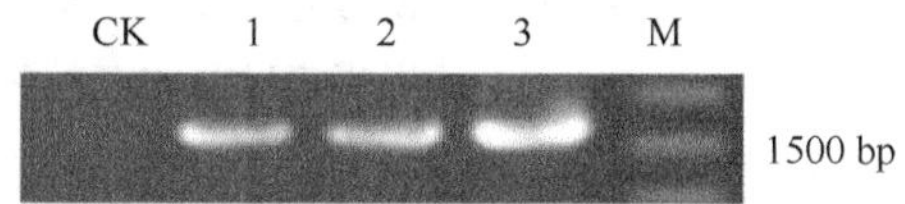

图 4-56　转基因植株的 PCR 鉴定（葛荣朝等，2007）

CK. p1300 转基因单株；1 和 2. p1300-*TaSTK* 转基因单株；3. 重组质粒 p1300-*TaSTK*；M. Marker

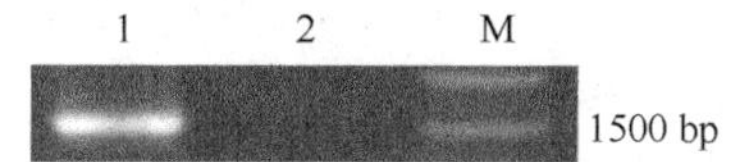

图 4-57　转基因植株的 RT-PCR 鉴定（葛荣朝等，2007）

1. p1300-*TaSTK* 转基因单株；2. p1300 转基因单株；M. Marker

对侧根数量统计分析发现，在含有 70 mmol/L NaCl 的 MS 培养基上，p1300-*TaSTK* 和 p1300 两组主根新生侧根平均数量之间差异极显著（$P<0.01$），p1300-*TaSTK* 主根新生侧根平均数量为 4.32 条，比 p1300 主根新生侧根平均数量多 2.4 条。在含有 120 mmol/L NaCl 的 MS 培养基上，p1300-*TaSTK* 和 p1300 之间在主根新生侧根平均数量上差异也表现为极显著（$P<0.01$），p1300-*TaSTK* 主根新生侧根平均数量为 2.39 条，比 p1300 主根新生侧根平均数量多 1.89 条。表明小麦丝氨酸/苏氨酸蛋白激酶能够增加转基因拟南芥在含盐培养基上侧根的数量。进一步说明小麦 *TaSTK* 能够提高转基因拟南芥的盐耐受能力，对根的生长有一定的促进作用（图 4-58）。

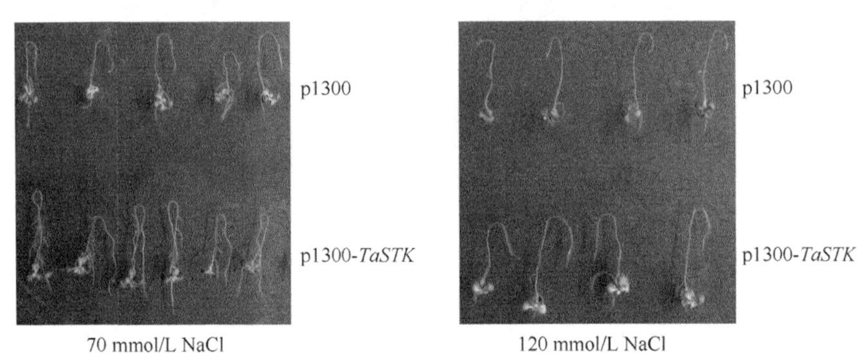

图 4-58 在含盐培养基上转基因拟南芥根的生长情况（葛荣朝等，2007）（见图版）

植物感受到高盐、干旱及低温信号后，这些胁迫信号经历一系列传递过程，最后诱导特定功能基因的表达，植物在生理生化上做出调节反应。各种研究表明，丝氨酸/苏氨酸蛋白激酶是一个大家族，参与环境胁迫信号的传递是其重要功能之一，它们在环境胁迫信号传递中具有非常重要的作用（Chenk and Snaar，1999；Ferreira，1991；Stone and Walker，1995）。花生中的丝氨酸/苏氨酸蛋白激酶在寒冷和盐胁迫应答中起着重要的作用（Rudrabhatla and Rajasekharan，2002，2003）。

紫花苜蓿锚定蛋白激酶（alfalfa ankyrin kinase）在渗透胁迫应答反应中可能起到一定作用（Chinchilla et al.，2003）。现已发现拟南芥丝氨酸/苏氨酸蛋白激酶家族的 57 个成员，其中已被证实参与拟南芥对盐、高渗、脱落酸、水杨酸、寒冷和热胁迫应答过程的有 23 个（Rudrabhatla et al.，2006）。水稻抗白叶枯病基因 *Xa21*、番茄抗假单胞菌基因 *Pto* 和小麦抗叶锈病基因 *Lr10* 等都含有丝氨酸/苏氨酸类蛋白激酶结构域（杨勤忠等，2001；Song et al.，1995；Martin et al.，1993；Feuillet et al.，1997；Buchanan et al.，2004）。

根据 GenBank 数据库检索结果得知，现在已提交的与小麦抗逆相关的蛋白激酶大约有 25 种，其中与小麦耐盐相关的 2 个蛋白激酶均属于丝氨酸/苏氨酸蛋白激酶家族（AY924304、AF525086）。经测序发现，耐盐小麦 RH8706-49 和敏盐小麦 H8706-34 中 *TaSTK* 基因的碱基序列完全一致，而经过盐胁迫后 RH8706-49 中 *TaSTK* 基因被诱导表达增强的程度高于敏盐材料 H8706-34，说明 2 个近等基因系材料的耐盐性存在显著差异并非由于 *TaSTK* 基因出现变异，而很可能是由于其上游调节基因发生变异，从而调控 *TaSTK* 基因的表达量，导致不同品系间的耐盐性出现差异。所以，本实验室在后续的工作中，将进行 *TaSTK* 基因启动子序列的克隆分析及 *TaSTK* 基因表达调控因子的进一步研究，以继续深入探讨小麦 RH8706-49 和 H8706-34 间耐盐性存在差异的分子机制。

第五章　小麦耐盐突变体的耐盐机制分析及研究展望

第一节　RH8706-49 小麦耐盐突变体可能的耐盐机制

一、突变涉及基因

本书的第三章第一节部分已就植物的耐盐机制进行了介绍，总体而言，它涉及多种基因及其产物的相互协调。首先与渗透调节物质的合成、积累相关，其中包括脯氨酸、甜菜碱的合成与积累。其次与离子调节相关，涉及细胞内 K^+/Na^+平衡、钠离子的排出、钠离子的区隔化。最后是植物在盐胁迫条件下能产生一些清除活性氧酶类和抗氧化物质，如超氧化物歧化酶（SOD）和过氧化氢酶（CAT）等（刘昀等，2010）。

早期的研究发现，我们原创的小麦耐盐突变体 RH8706-49，其耐盐性受一对主效基因的控制（秘彩莉等，2000）。那么这对主效基因位于小麦染色体的哪一个同源群呢？还有没有更多的微效基因在发挥作用呢？根据小麦醇溶蛋白是一种稳定性极强的蛋白质，我们对耐盐突变体和其亲本醇溶蛋白的电泳图谱进行了比较，可以明显地看到在大分子量 γ 蛋白亚基区增加了一个 *Rf* 值为 0.19 的区带，而该亚基位于小麦第一同源群的短臂上（秘彩莉等，1999），结果与前人的一致。Zhong 和 Dvorak（1995）对小麦耐盐性进行了研究，将与耐盐性相关的基因定位在第一、四、六同源群上。通过同工酶等电聚焦电泳（IEF）发现，小麦耐盐突变体 974915（即 RH8706-49）的 β-Amy-1 同工酶酶谱与其父、母本相比明显增加了一条区带，说明该突变体在小麦第四同源群染色体上也有突变发生（王翠亭等，2002），这一结果也验证了 Zhong 和 Dvorak 的结论。有没有可能找到是哪个基因发生了突变呢？我们利用 PCR-SSCP 与测序相结合的技术，发现位于小麦耐盐突变体（RH8706-49）4D 染色体上与耐盐性相关的萌发蛋白基因 *gf-2.8* 确有突变存在。在 RH8706-49 中该基因序列 235 位点与 284 位点的碱基分别由 C 和 T 突变为 T 和 C，前一突变没有导致氨基酸的变化，后一突变使缬氨酸突变为丙氨酸，这一突变可能是 RH8706-49 耐盐性提高的原因之一（王翠亭等，2001）。此外，本课题组利用 cDNA-AFLP 技术从 RH8706-49 克隆了小麦糖原合成酶激酶基因 *TaGSK1*（Chen et al.，2003b）。根据国际小麦族 EST 协作组织创建的小麦族 EST 协作网近 16 000 条小麦 EST，结合使用缺体-四体定位的方法，将 *TaGSK1* 定位在小麦 1A、1B、

1D 染色体短臂上，一般认为 B 组基因组的变异更丰富，所以更像在 1B 染色体的短臂上（李亚青等，2006）。

以上研究说明，RH8706-49 中与耐盐性增强有关的基因突变多发生在小麦的第一、四、六同源群染色体上，其中与第一、四同源群的关系更为密切，其自然应该成为今后研究的热点。

二、渗透调节

渗透调节对于维持植物细胞的正常结构与功能是非常重要的。本课题组采用双向电泳方法，研究了小麦“一粒传”后代中耐盐突变体 RH8706-49 和敏盐突变体 H8706-34 幼苗第二叶片在盐胁迫下的蛋白质组，发现 RH8706-49 谷氨酰胺合成酶前体Ⅱ（GS2）的表达量在非盐胁迫下明显多于敏盐突变体 H8706-34。说明耐盐突变体谷氨酰胺合成酶的活性升高促进了脯氨酸（Pro）的合成，使耐盐突变体在盐胁迫下能够保持正常的水势，这对于维持膜系统的功能十分重要（霍晨敏等，2004）。大量的事实说明，胞内 Pro 含量的增加能够提高植物的耐盐性（赵福庚等，2001；Wu et al.，2003b）。相关研究表明，RH8706-49 和 H8706-34 的 *GS2* 表达量在盐胁迫下都有所减少，但 RH8706-49 仍比敏盐突变体 H8706-34 要多，进一步说明 *GS2* 是盐抑制基因，在转录水平上进行调控（韩娜等，2006）。此外，分析叶片蛋白质组发现 H^+-ATPase B 亚基、33 kDa 光合放氧蛋白和 RuBP 羧化酶小亚基等在耐盐突变体 RH8706-49 中均有特异表达，在盐胁迫下对维持叶绿体和整个细胞的功能都起到重要作用（霍晨敏等，2004）。上述结果正好解释了 RH8706-49 叶绿体在盐胁迫下受到的伤害较轻，随着盐胁迫时间的延长，无论其外部形态还是内部结构的变化均较敏盐突变体 H8706-34 为轻，解除盐胁迫后 RH8706-49 叶绿体的形态和结构都能得到一定程度的恢复，而敏盐突变体 H8706-34 却不能恢复（秘彩莉等，2001）。说明细胞具有较高的脯氨酸合成能力和含量是 RH8706-49 渗透调节能力优于 H8706-34 的内在原因之一。

我们在对“一粒传”后代中耐盐与敏盐突变体进行 cDNA-AFLP 分析时发现，在小麦中有一个受 NaCl 诱导表达的转录因子。该转录因子在 RH8706-49 中有较高表达，而在 H8706-34 中表达不明显，我们将该转录因子基因命名为 *SIR73*。经过 Northern 杂交验证，结果发现在 Northern 杂交膜上有一个约 2.4 kb 的杂交带在盐胁迫下显著增强。推测该基因表达量的提高可能是 RH8706-49 耐盐性较高的重要原因之一（陈桂平等，2003）。因此，我们认为从改良或增强一个关键转录因子基因的调控能力入手，甚至采用基因编辑或新近的“先导编辑”（prime editing）方法提高相关耐盐基因如 GS2 等的转录活性，可能是提高作物抗逆性更有效的方法和途径。

在上述研究的基础上，本课题组将 *TaGSK1* 转入原核表达载体 pBV221，然后用于转化大肠杆菌，结果表明转化子的耐盐能力明显高于受体菌（徐涛等，2004）。之后利用基因枪将 *TaGSK1* 基因导入敏盐小麦成熟胚，其耐盐性得到明显加强（徐涛等，2006）。这都说明 *TaGSK1* 与耐盐性的提高相关。其原因在进一步的实验里得到了阐明。

在研究 TaGSK1 的亚细胞定位时，需要分别对转 *GFP* 和 *TaGSKI-GFP* 融合基因拟南芥进行质壁分离处理。有趣的是，用 2 mol/L 的蔗糖高渗溶液处理转 35S：*TaGSKI-GFP* 基因拟南芥根部细胞 15 min 后仅个别细胞发生质壁分离；而用 1.3 mol/L 蔗糖溶液处理转 35S：*GFP* 基因拟南芥根部细胞仅 15 min 时大部分细胞发生了质壁分离（吴立柱等，2006），从侧面说明小麦糖原合成酶激酶（TaGSK1）有渗透调节的作用，也是突变体耐受盐胁迫的一个重要原因。

同时，研究发现小麦 TaGSK1 蛋白在转基因拟南芥的根尖分生组织和与侧根发生有关的中柱鞘细胞表达较多，特别是在初生的根毛细胞内呈密集的区域化分布，推测植物在受到盐胁迫后，通过上游信号分子影响 *TaGSK1* 基因的表达，最终表现为根尖分生组织活跃，促进主根和侧根的生长与伸长，间接提高了转基因植株的抗渗透胁迫能力（吴立柱等，2006）。

TaGSK1 的结构域分析表明，它存在钙调素结合域。在有 Ca^{2+}存在时其可与钙调素（CaM）结合，推测 TaGSK1 可能受钙调素的调节。以上结果表明，今后如果能够对 TaGSK1 进行深入研究，对于培育耐盐作物将具有十分重要的意义。

三、抗氧化能力

在植物遭到盐胁迫时，细胞内产生大量活性氧（ROS），同时积累大量的丙二醛（MDA）等有害的过氧化物，造成膜质过氧化损伤。本研究表明，小麦耐盐突变体 RH8706-49 中的丙二醛含量显著低于敏盐突变体 H8706-34，细胞质膜的透性也明显低于后者（齐志广等，2001a）。进一步的研究表明，RH8706-49 中超氧化物歧化酶（SOD）的活性明显高于 H8706-34（齐志广等，2001a）。说明盐胁迫下，RH8706-49 体内超氧化物歧化酶（SOD）活性的升高可清除过多的活性氧，维持膜系统的相对完整性（Ahmad et al.，2009）。本研究曾对 RH8706-49 和 H8706-34 的线粒体 DNA 进行 RAPD 分析，发现引物 operonQ5 在 RH8706-49 中有 696 bp 的特异扩增条带，经序列比对发现，其与假单胞杆菌末端双加氧酶的大亚基有 78% 的同源性（王宏英等，2003）。加氧酶参与生物体内的氧化还原反应，能协助清除活性氧。因此，植物的耐盐性与其抗氧化能力密切相关，也是 RH8706-49 耐受盐胁迫的机制之一。这种能力不仅与核基因相关，而且与细胞质基因有着密切的联系。

总之，植物的耐盐性是由基因控制的复杂性状，涉及多种信号途径及生理生化过程，也可能涉及细胞质基因的调控。不过随着各种现代生物技术，尤其是组学技术的发展，植物耐盐性的调控网络必然会愈来愈清晰。通过培育耐盐作物来达到保障国家粮食安全的目标在不远的将来一定能够实现。

第二节　展　　望

一、传统技术大有可为

科技工作者面对农业生态的恶化，迫切需要一种不受季节限制但能快出成果，并可扩大盐碱地农作物种植面积的解决方法。其中最简捷的方法不外乎利用小麦成熟胚培育耐盐品种。

本课题组早在 20 世纪 90 年代初采用小麦成熟胚培养耐盐品种。这种方法简便易行，不受季节限制，其核心技术是首先选择对诱变剂敏感的基因型小麦，将化学诱变剂按照致死中量加在诱导培养基内，经高压灭菌之后，将按常规方法消毒、经无菌水浸泡过夜的供试材料种子在无菌条件下剥离出成熟胚，而后盾片向上接种在诱导诱变培养基上，培养室温度在 25～28℃，每天用 4.5 W 日光灯补充光照 10～12 h，诱导出的愈伤组织分别转入含 0.5%、1.2% NaCl 的两种继代筛选培养基上，以扩大耐盐愈伤组织的数量，最后转入含 0.5% NaCl 的分化培养基上，所得耐盐再生植株经盐池鉴定确是耐盐的品系进入大田繁种。本课题组与沧州市农林科学院合作按上述方法培养出的耐盐品系师沧 8901-17 参加河北省节水联合鉴定，在 19 个新品系中居第三位，亩产达 227.3 kg（图 5-1）。由此我们产生了培育海水小麦的想法。

图 5-1　师沧 8901-17 生产示范田（沈银柱摄，2002 年）（见图版）

海水的含盐量一般在 3%～3.5%，如果用海水制备上述实验中继代筛选培养基，不再单独加 NaCl，后来的分化培养基也用海水制备会有怎样的结果？寄希望于从事改良盐碱地农业生态环境的科研工作者，相信经过努力一定会成功培育出海水小麦。另外更值得一试的方法是分子育种。本课题组索广力等（2001）以耐盐突变体 8901-17 和其耐盐性差的亲本‘冀麦 24’为材料，用 280 个引物在两者之间进行 RAPD 分析，发现 35 个引物能扩增出 DNA 多态性。他进一步用分株法构建了两个 F_2 群体（‘冀麦 24’×8901-17 和 8901-17×‘中麦 9’），按照 BSA（bulked segregant analysis）方法分别构建 2 个对应 DNA 池（耐盐池和不耐盐池），用上述能扩增出明显多态性的 35 个引物，分别在两个群体成对的耐盐和不耐盐 DNA 池之间进行 RAPD 分析，发现只有 OperonQ4 引物能在对应的两个 DNA 池之间扩增出多态性，特别是两个 F_2 群体之间的结果一致，说明其扩增产物是与耐盐突变位点紧密联系的 RAPD 分子标记。我们想如果能对这一扩增产物进行深入研究，采用 RACE 方法拿到其 DNA 全长，进一步拿到它的启动子和相关的调控因子，采用转基因的方法是否就为得到海水小麦提供了可能？鉴于此，非常值得一试。

二、新技术的应用

基因编辑（gene editing）是一种新的基因工程技术，该技术的发明将为小麦品种改良提供重要途径。

（一）基因编辑概况

基因编辑又称基因组编辑（genome editing）或基因组工程（genome engineering），是一种新兴的比较精确的能对生物体基因组特定目标基因进行修饰的一种基因工程技术。基因编辑依赖于经过基因工程改造的核酸酶，也称“分子剪刀”，在基因组中特定位置产生位点特异性双链断裂（double strand break，DSB），DSB 激活 DNA 损伤修复应答机制，诱导生物体通过非同源末端连接（non-homologous end joining，NHEJ）或同源重组（homologous recombination，HR）来修复 DSB。在修复过程中 NHEJ 在酶切位点发生碱基插入或缺失（insertion/deletion 或 indels），在有人为提供的同源供体 DNA 时 HR 实现对基因组 DNA 的定点替换。

基因编辑的关键是在基因组内特定位点创建 DSB，现主要有 3 种人工改造的核酸酶对应的 3 种基因编辑技术，分别是锌指核酸酶（zinc-finger nuclease，ZFN）、TALE 核酸酶（transcription activator like effector nuclease，TALEN）和成簇的规律间隔的短回文重复序列及相关核酸酶 9（clustered regularly interspaced short palindromic repeat/CRISPR-associated nuclease 9，CRISPR/Cas9）。ZFN 与 TALEN 技术是把 DNA 识别、结合结构域与 *Fok*I限制性内切核酸酶的切割结构域（FN）融合后从而实现精准切割（马斯霜等，2019）；CRISPR/Cas9 系统使用引导 RNA（single guide RNA，sgRNA）提供序列特异性，依赖 sgRNA/Cas9 复合体的内切酶

活性在特定基因组位点产生 DSB。

CRISPR/Cas9 基因编辑系统因简便、高效的特点，较 ZFN 和 TALEN 广泛应用于基因功能研究。CRISPR/Cas9 可以高效靶向目的基因，其定点修饰依赖于效率低下的同源重组机制，同时因为 DSB 不可避免地会激活 NHEJ 修复方式，出现较高频率的非预期的碱基改变，也有可能产生脱靶切割，因此其精准编辑基因的能力有待提高。单碱基编辑（base editing）技术通过将 Cas9 切口酶或无核酸酶活性的 Cas9 与胞嘧啶脱氨酶组成融合蛋白，并通过 sgRNA 将融合蛋白靶向靶基因位点，在不切割双链DNA的情况下对靶基因位点的单个碱基进行 C→T 或 G→A 的精准编辑（刘佳慧等，2017）。

（二）基因编辑在小麦中的应用

小麦（*Triticum aestivum* L.）是世界各国的主要粮食作物，在保障粮食安全方面发挥着重要作用。近几十年来，由于小麦基因组复杂、存在多倍体、遗传转化困难等，小麦的基础研究和应用研究一直落后于其他谷类作物。2016 年国际权威期刊《自然》评选出了 10 位“中国科学之星”，在农业科学领域，中国科学院遗传与发育生物学研究所植物细胞与染色体工程国家重点实验室高彩霞研究员因首次在农作物，特别是小麦和水稻上成功使用基因编辑这项简洁的革命性技术而入选其中。

将截至目前关于小麦基因打靶和基因编辑修饰方面的研究列于表 5-1，TALEN 和 CRISPR/Cas9 技术成功应用于小麦基因编辑中，其中 CRISPR/Cas9 应用最为广泛，占比 92.86%，近年发展起来的 CRISPR/nCas9 可以实现单碱基的编辑。对小麦基因组编辑的研究主要集中在基因敲除上，而关于基因置换、插入（*GFP*、*His-tag*、*Myc-tag*）和碱基编辑（*Blue fluorescent gene*、*TaLox2*、*GFP*、*TaDEP1*、*TaGW2*、*TaALS*、*TaACCase*）的研究较少（表 5-1）。此外，因为小麦是异源六倍体（AABBDD），大多数基因在三个基因组中存在三个同源基因，需要同时剔除或编辑，同时敲除三个基因组中所有的同源基因，迄今为止很少有报道。因此，有必要进一步提高小麦基因组编辑技术的效率。另外，基因敲除和单碱基编辑技术可以实现只改变植物 DNA 序列中一个碱基对的目的，大大提高了编辑植物的生物安全性。因此，我们认为基因敲除和单碱基编辑技术在小麦基因工程育种中将发挥更大的作用，而基因置换和插入技术的效率还有待于进一步提高。迄今为止，除 SpCas9 外，其他 CRISPR 核酸酶效应物（NmCas9、CjCas9、SaCas9、StCas9、NmCas9、Nme2Cas9、ScCas9、Cpf1、C2c1 和 C2c2）在小麦上中的应用尚未见报道。在未来，将会有越来越多的 Cas9 同源和非 Cas9 核酸酶被鉴定，并且将会有越来越多不同类型的 Cas9 系统被用于小麦基因组编辑（Wang et al., 2019a）。

表 5-1 目前小麦基因编辑列表（Wang et al.，2019a）

编辑技术	编辑类型	sgRNA 启动子	目的基因	转化的外植体	突变率（%）	转化方法
Cas9	敲除	TaU6	*TaMLO*	原生质体	25.8	
Cas9	敲除	CaMV35S	*TaINOX*，*TaPDS*	悬浮细胞	22.0	农杆菌
Tallen	敲除		*TaMLO*	未成熟胚	6.0	生物粒子
Cas9	敲除	TaU6	*TaMLO*	未成熟胚	5.4	
Tallen	基因敲入		*GFP*，*His-tag*，*Myc-tag* 敲入 *TaMLO*	原生质体	6.5	
Cas9	敲除	TaU6	*TaGW2*，*TaLpx1*，*TaMLO*，*TaQ*	原生质体	22.0	
Cas9	敲除	TaU6	*TaGASR7*，*TaDEP1*，*TaLOX2*，*TaNAC2*，*TaPIN*，*TaGW2*	未成熟胚	9.5	生物粒子
Cas9	敲除	N	*TaMs26*	未成熟胚	8.3	农杆菌
Cas9	敲除	TaU6	*TaGW2*	未成熟胚	4.4	生物粒子
nCas9	碱基编辑	TaU6	*BFP*	原生质体	8.8	
nCas9	碱基编辑	TaU6	*TaLox2*	未成熟胚	1.3	生物粒子
Cas9	敲除	TaU6	*GFP*	原生质体	20.7	小麦矮缩病毒
	基因敲入	TaU6	*GFP*，*BFP* 敲入 *TaUbi*，*TaMLO*	原生质体	5.9	小麦矮缩病毒
	基因敲入	TaU6	*dsRED* 敲入 *EPSPS*	小麦盾片细胞	0.4	生物粒子
Cas9	敲除	TaU6	*DsRed*，*Talox2*，*TaUbiL1*	小孢子	N	
nCas9	碱基编辑	TaU6	*GFP*，*TaDEP1*，*TaGW2*	未成熟胚	7.5	生物粒子
Cas9	敲除	OsU3，TaU3，Tau6	*TaPDS*	未成熟胚	16.7	农杆菌
Cas9	敲除	TaU6	*TaDREB2*，*TaERF3*	原生质体	10.2	
Cas9	敲除	TaU6	*a-gliadin* 基因家族	未成熟胚	N	生物粒子
Cas9	敲除	TaU6	*TaMs45*	未成熟胚	N	农杆菌
Cas9	敲除	TaU6	*TaGW2*	未成熟胚	N	生物粒子
Cas9	敲除	TaU6	*TaGW2*，*TaLpx-1*，*TaMLO*	未成熟胚	N	生物粒子
Cas9	敲除	TaU6	*TaPinb*	原生质体	54.2	农杆菌
		Tau3	*TaWAXY*			
		Tau3	*TaDA1*	未成熟胚		
Cas9	敲除	TaU6	*TaGW2*	未成熟胚	N	生物粒子
Cas9	敲除	TaU3	*TaPLAs*	未成熟胚	N	农杆菌
Cas9	敲除	TaU6	*TaMs1*	未成熟胚	4.0	生物粒子
Cas9	敲除	TaU6	*TaGW7*	未成熟胚	N	生物粒子
nCas9	碱基编辑	TaU6	*TaALS*，*TaACCase*	未成熟胚	2.5	生物粒子
Cas9	敲除	TaU6	*TaCKX2-1*，*TaGLW7*，*TaGW2*，*TaGW8*	未成熟胚	28.3	农杆菌
Cas9	敲除	OsU6	*TaQsd1*	未成熟胚		农杆菌

注：N 为未提及

（三）小麦耐盐基因研究进展

众所周知，转录因子（transcription factor，TF）是基因表达的中枢调节因子，负责调节植物功能的基本方面。在不同的生物环境下，TF 通过与特定基因的顺式作用元件结合来调节基因表达，研究表明小麦 NAC、MYB、WRKY、ERF 和 bZIP 等转录因子参与小麦耐盐反应（Baillo et al.，2019）。此外，陆续发现许多与耐盐相关的功能基因，如 *TaCYP81D5*，可通过清除活性氧增加小麦的耐盐性（Wang et al. 2019a）；U-box E3 泛素连接酶基因 *TaPUB1* 的过表达上调了离子通道相关基因的表达，增加了根的 Na^+流出量，但降低了根的 K^+流出量和 H^+流入量，从而维持了较低的细胞溶质 Na^+/K^+值（Wang et al.，2019b）；液泡膜 Na^+/H^+逆向转运蛋白基因 *TaNHX2* 和细胞膜上 Na^+/H^+逆向转运蛋白基因 *TaSOS1* 可调节盐胁迫下小麦体内离子动态平衡（Yarra and Kirti，2019；Ramezani et al.，2013）；组蛋白乙酰转移酶（GCN5）是细胞维持胞壁完整性和耐盐性所必需的，几丁质酶样基因 *CTL1*、参与扩增的多聚半乳糖醛酸酶基因（*PGX3*）和 MYB 结构域蛋白-54 基因（*MYB54*）为 GCN5 的直接靶点（Zheng et al.，2019）；小麦 14-3-3 衔接蛋白基因 *TaGF14b*、蔗糖非依赖 1 蛋白激酶 2 家族中 *TaSnRK2.9* 通过调节 ABA 生物合成和 ABA 信号转导进而调控气孔关闭、活性氧清除系统与胁迫相关基因的表达（Zhang et al.，2018；Feng et al.，2019）；胚胎发生晚期丰富蛋白基因 *TaLEA* 启动子区有 ABA 结合位点和多个胁迫应答顺式调控元件，其本身是小分子亲水蛋白，在盐胁迫下对小麦具有保护功能（Liu et al.，2019）。随着小麦基因组测序的完成，将会有越来越多的耐盐相关基因被挖掘。目前关于小麦这些耐盐相关基因，多停留在通过模式植物过表达或病毒诱导基因沉默来研究其功能，尚未见通过基因编辑技术来改造耐盐相关基因，以便其更好地发挥功能。

（四）小麦基因编辑在应用中的注意事项

完成基因编辑的前提是需要高效的遗传转化系统，目前小麦遗传转化方法主要有生物弹道技术（biolistic technology）、花粉管通道法（pollen tube pathway）和农杆菌介导转化法（*Agrobacterium* mediated transformation）。其中农杆菌介导转化法因成本低、操作简单、对仪器设备要求不高、转化率较高、重复性强等优点，被国内多家科研单位优先选择。2014 年日本烟草公司用于小麦遗传转化的 PureWheat 技术取得突破性进展，极大地促进了农杆菌介导转化法的应用。中国农业科学院作物科学研究所在日本烟草公司 PureWheat 技术的基础上建立了农杆菌介导的高效转化小麦幼胚的技术体系，部分基因型小麦的转化率达 30%以上。最近克隆了一个与再生相关的小麦基因 *TaCB1*，其可以显著提高如‘冀麦 22’‘轮选 987’‘AK58’‘京 411’（转化率低的基因型）的转化率（Wang et al.，2019a）。

CRISPR/Cas9 是在小麦中应用最广泛的基因编辑技术，但作为 Cas9 的识别位点，前间区序列邻近基序（protospacer adjacent motif，PAM）通常要求是 NGG，这在一定程度上限制了基因编辑，尤其是碱基编辑的目标范围。同时很多碱基替换不影响基因功能，除非该碱基位于重要功能区域。因此急需寻找识别不同 PAM 序列的 Cas9 或改造 Cas9 使其能够识别更简单的 PAM，从而获得更多的识别位点用于基因编辑。Nishimasu 等（2018）设计了一个 SpCas9-NG，不仅可识别 NG，还可识别 NTG、NTT 和 NCG，已被用于水稻基因编辑并取得很好效果（Zhong et al.，2019）。尽管目前还没有关于 Cas9 变异在小麦中应用的报道，但扩大 PAM 的相容性对于基因组编辑尤其是小麦的碱基编辑仍然非常重要。

此外，因为小麦是异源六倍体，基因组庞大（17 Gb）并且含有很多重复序列，所以对小麦基因组进行定点编辑相对困难。很多基因至少含有 3 个同源基因，位于 A、B、D 染色体上，3 个同源基因行使功能时也可能存在差异，只有将 3 个基因同时编辑才能获得最理想表型，无疑增加了难度和工作量。例如，只有同时分别对小麦抗除草剂和白粉病的 3 个基因进行编辑才能表现出最佳抗性。同时对一个基因内部不同位点进行编辑，效果也存在差异。这就需要在进行基因编辑前，对目标基因的功能和结构进行研究，只有确定最佳编辑位点，才能提高效率。

三、生态农业的可持续发展

生态农业关乎着农民的生存与发展，关乎着社会的和谐与稳定，是农业可持续发展的重要途径。我国由农业资源过度开发、地下水超采以及农业内外源污染等相互叠加带来的一系列农业生态环境问题日益凸显，农业可持续发展仍面临重大挑战，在现阶段农业生态发展过程中，依然存在一系列问题需要解决并改进。

农业生态环境对于我国农业可持续发展有至关重要的决定作用。虽然我国在农业生态环境与可持续发展方面的投入不断加大，但依然存在诸多严重问题，如农业生产中出现的环境污染问题，农业生产体制有待进一步完善的问题。其主要原因在于，农业部门对生态农业建设缺乏重视，一些地方农民只顾眼前利益，并不注重农业的可持续发展。因此，在农业生产中我们应该采取相应的具体措施。

首先，我们应该加强防控农业污染源，在农业生产中推广测土配方施肥技术，实现区分化施肥，引导农民施加更多有机肥、生物肥，控制化学肥料对环境的污染。对一些新技术如沼气新能源、雨污分流进行推广应用，在农村普及推广垃圾分类，控制污染物。对农业生产中出现的秸秆等废弃物，积极推广秸秆沼气化或秸秆固化等技术，提高秸秆利用率。

其次，政府部门应该注重加大科研投入，通过研发新技术来提高农业生产效率，减少环境污染与破坏。同时注重生态农业建设，制定详细规划，并敦促各项制度落到实处。

最后，政府部门应加强农业有关法律法规的建设，积极完善农业生态资源保护法律规定，为生态农业发展提供法律支持。同时，组建专业监管队伍，建立健全综合执法体系，监管各项法律法规的落实。

我国的生态农业建设发展是符合中国国情、具有中国特色的。应该立足传统农业，结合现代科技新技术，引导我国农业生产积极向生态农业方向发展，可以预见，随着生态农业系统建设理论及政策体系的逐渐完善，逐步对研究目标与研究策略根据实际情况进行不断调整，通过对农村产业化发展及其生态文化功能深入挖掘，我国的生态农业优势将会逐步凸显，而良好的农业生态系统会得到蓬勃发展，实现农业生产的可持续发展。

对于一些特殊环境，如土壤盐渍化区域的农业生态系统，发展抗盐育种、推广优良耐盐品种、发展盐土农业，应该是一条重要的途径。近年来，袁隆平院士研究的海水稻取得了可喜的进展。如今，小麦耐盐相关基因及其作用机制方面的研究有了相当的积累，相信在不久的将来，耐盐碱小麦也将借助基因工程等改良手段获得突破，为盐碱地农业生态系统的可持续发展提供强有力的支撑。

参 考 文 献

毕向军, 彭朝晖, 李金翰, 等. 1995. PCR-SSCP 检测肺癌细胞 *p53* 基因点突变[J]. 生物化学与生物物理进展, 5: 475-478.

邴雷, 赵宝存, 沈银柱, 等. 2008. 植物耐盐性及耐盐相关基因的研究进展[J]. 河北师范大学学报(自然科学版), (2): 243-248.

蔡辉国, 陈佩贞, 张立冬, 等. 1995. PCR-SSCP 分析实践[J]. 生物化学与生物物理进展, 5: 473-475.

蔡晓明. 2000. 生态系统生态学[M]. 北京: 科学出版社.

蔡新华. 2003. 农业生态环境工程技术标准规范与现行政策法规实用手册: 及典型案例分析(第一卷)[M]. 北京: 中科多媒体电子出版社.

曹廷杰, 谢菁忠, 吴秋红, 等. 2015. 河南省近年审定小麦品种基于系谱和 SNP 标记的遗传多样性分析[J]. 作物学报, 41(2): 197-206.

陈广凤, 田纪春. 2015. 基于 SNP 标记小麦自然群体遗传多样性及复合图谱的构建[J]. 分子植物育种, 13(7): 1441-1449.

陈桂平. 2001. 小麦耐盐突变体盐胁迫应答基因的克隆与鉴定[D]. 石家庄: 河北师范大学硕士学位论文.

陈桂平, 黄占景, 马闻师, 等. 2002. 小麦耐盐突变体盐胁迫下 cDNA 片段的克隆与分析[C]//亚洲植物染色体研究进展 2: 第一届亚洲植物染色体学术讨论会论文集. 北京: 中国农业科学技术出版社, 7: 369-374.

陈桂平, 马闻师, 黄占景, 等. 2003. 小麦耐盐突变体盐胁迫下 SIR73 基因片段的分离和鉴定[J]. 遗传, 25(2): 173-176.

陈桂平, 齐志广, 黄占景, 等. 2001. 耐盐性不同的近等基因系小麦生理性状的比较研究[J]. 华北农学报, 26(4): 15-19.

陈华涛, 陈新, 喻德跃. 2011. 大豆苗期耐盐性的遗传及 QTL 定位分析[J]. 中国油料作物学报, 33(3): 231-234.

陈其皎, 袁中伟, 张连全, 等. 2006. 一个普通小麦 γ-醇溶蛋白基因的分子标记[J]. 四川农业大学学报, 24(2): 135-138.

陈强强, 杨清, 叶得明. 2020. 区域环境、家庭禀赋与秸秆处置行为——以甘肃省旱作农业区为例[J]. 应用生态学报, 31(2): 563-572.

陈莎莎, 兰海燕. 2011. 植物对盐胁迫响应的信号转导途径[J]. 植物生理学报, 47(2): 119-128.

陈受宜, 朱立煌, 洪建, 等. 1991. 水稻抗盐突变体的分子生物学鉴定[J]. 植物学报, 33(8): 569-573.

陈永民. 2007. 小麦谷氨酰胺合成酶前体II基因的功能研究[D]. 石家庄: 河北师范大学硕士学位论文.

陈玉芹, 陈桂平, 项慧新. 2003. 植物耐盐性的信号传导途径及基因工程进展[J]. 唐山师范学院学报, (5): 50-52.
程方, 王鑫, 王凤娇, 等. 2019. 航天育种产业助推现代农业高效发展. 中国种业, (8): 1-4.
程雪妮, 刘洋, 庞玉辉, 等. 2016. 小麦-滨麦附加易位系 DM5911 的创制及其细胞遗传学鉴定. 麦类作物学报, 36(8): 996-1002.
崔健, 马友华, 赵艳萍, 等. 2006. 农业面源污染的特性及防治对策[J]. 中国农业通报, 22(1): 335-340.
崔霞, 梁燕, 李翠, 等. 2013. 化学诱变及其在蔬菜育种中的应用[J]. 西北农林科技大学学报(自然科学版), 41(3): 205-212.
代瑞熙, 郝晓燕. 2015. 中国化肥消费分析及建议[J]. 农业展望, 11(9): 77-80.
代西梅, 黄群策. 2005. 植物多倍体研究进展[J]. 河南农业科学, (1): 9-12.
董君明, 张兆金. 1998. 我国生态农业的类型[J]. 生物学教学, (10): 39.
杜科宇, 刘刚, 涂铭, 等. 2015. 辐射育种在草业生产中的应用研究进展[J]. 长江大学学报(自科版), 12(9): 44-46, 80.
傅伯杰, 于丹丹, 吕楠. 2017. 中国生物多样性与生态系统服务评估指标体系[J]. 生态学报, 37(2): 341-348.
甘露, 陈受宜. 1991. 黑麦脯氨酸合成酶基因的序列分析与转化[M]//中国遗传学会. 中国的遗传学研究. 北京: 中国科学技术出版社: 126.
高明君, 董树刚. 1995. 同工酶基因定位在小麦染色体工程中的应用[J]. 遗传, 17(增刊): 9-23.
葛荣朝. 2005. 小麦耐盐相关基因 cDNA 的克隆与功能研究[D]. 石家庄: 河北师范大学博士学位论文.
葛荣朝, 赵宝存, 陈桂平, 等. 2007. 小麦耐盐相关基因 *TaSTK* 的克隆[J]. 作物学报, (5): 857-860.
耿洪伟. 2005. Puroindoines 基因反义载体构建和转化及过量表达载体转基因小麦的遗传鉴定[D]. 乌鲁木齐: 新疆农业大学硕士学位论文.
巩学千, 陈受宜. 1996. 蛋白激酶: 一个飞速发展的领域[J]. 生物工程进展, 16(1): 11-14.
郭春燕. 2010. 小麦 K 型细胞质雄性不育系和保持系蛋白质组差异研究[D]. 郑州: 河南农业大学硕士学位论文.
郭越, 赵增祥, 张文姝, 等. 2020. 基因编辑调控技术在结核分枝杆菌基因功能研究中的应用进展[J]. 中国病原生物学杂志, 15(4): 483-486, 491.
国土资源部. 2006-2018. 中国国土资源统计年鉴 2006-2017[M]. 北京: 地质出版社.
韩孟菊. 2020. 农业生态环境保护的法律问题研究[J]. 农业经济, (2): 16-18.
韩娜, 葛荣朝, 赵宝存, 等. 2004. 植物谷氨酰胺合成酶研究进展[J]. 河北师范大学学报, (4): 407-410, 423.
韩娜, 葛荣朝, 赵宝存, 等. 2006. 小麦谷氨酰胺合成酶前体II基因的克隆与分析[J]. 作物学报, 32(11): 1756-1758.
何聪芬, 黄占景, 沈银柱, 等. 1996. “中国春”小麦不同缺体的 RAPD 分析[J]. 华北农学报, 11(3): 31-34.
何金龙, 黄英, 樊宇航. 2015. 土壤侵蚀影响因素及研究方法分析. 四川建筑科学研究, 41(1): 130-134.
贺小彦. 2011. 烟草受激素诱导和逆境胁迫相关基因的克隆与表达分析[D]. 福州: 福建农林大学硕士学位论文.
侯萌瑶, 张丽, 王知文, 等. 2017. 中国主要农作物化肥用量估算[J]. 农业资源与环境学报,

34(4): 360-367.
花欣, 尹淑霞. 2011. 空间诱变育种的研究现状与展望[J]. 山东农业科学, (4): 29-32.
黄国勤. 2005. 农业生态学理论、实践与进展[M]. 北京: 中国环境出版社: 80.
黄洪云, 李晶. 2008. 物理方法介导基因转移的研究进展[J]. 唐山学院学报, (2): 62-65.
霍晨敏. 2004. 小麦耐盐突变体盐胁迫下的蛋白质组分析及耐盐相关基因克隆[D]. 石家庄: 河北师范大学硕士学位论文.
霍晨敏, 赵宝存, 葛荣朝, 等. 2004. 小麦耐盐突变体盐胁迫下的蛋白质组分析[J]. 遗传学报, 31(12): 1408-1414.
贾蓓, 李晨旭, 陈耀宇, 等. 2020. TALEN 和 CRISPR 技术在 A 型血友病诱导性多能干细胞疗法中的应用进展[J]. 中国生物制品学杂志, 33(2): 222-226.
贾继增, 张正斌, Devos K, 等. 2001. 小麦 21 条染色体 RFLP 作图位点遗传多样性分析[J]. 中国科学(C 辑: 生命科学), 1: 13-21.
蒋高明. 2019. 论生态农业的边界、原理与应用[J]. 人民论坛·学术前沿, (19): 6-13.
金杭霞, 董德坤, 杨清华, 等. 2016. SgBADH 的克隆与分析及植物表达载体构建[J]. 核农学报, 30(2): 246-251.
金铭. 2012. 地球荒漠化威胁人类生存[J]. 生态经济, (9): 12-17.
金晓琳, 饶贤才, 张克斌, 等. 1999. 利用 5′-RACE 法扩增到钙通道基因的 5′一端片段[J]. 微生物学杂志, 19(3): 45-46.
金艳. 2009. 盐胁迫下小麦叶片蛋白质组差异研究[D]. 郑州: 河南农业大学硕士学位论文.
晋锦锦, 陈兰英. 2014. 化学诱变剂的作用机制[C]//中国环境诱变剂学会致突变、致畸学术讨论会论文集. 海阳: 中国环境诱变剂学会致突变、致畸学术讨论会.
李常健, 林清华, 张楚富, 等. 1999. NaCl 对水稻谷酰胺合成酶及同工酶的影响[J]. 武汉大学学报(自然科学版), 45(4): 497-500.
李凤全, 吴樟荣. 2002. 半干旱地区土地盐碱化预警研究——以吉林省西部土地盐碱化预警为例[J]. 水土保持通报, (1): 57-59.
李海燕. 2011. 土壤侵蚀危害及其防治措施研究现状[J]. 宁夏农林科技, 52(1): 71-72, 77.
李剑峰. 2010. 小麦叶片水分胁迫下 cDNA-AFLP 差异表达分析[D]. 乌鲁木齐: 新疆农业大学硕士学位论文.
李健. 2002. 转 rbcS3A-gus 和 rbcS3C-gus 基因烟草的制备和鉴定[D]. 石家庄: 河北师范大学硕士学位论文.
李克贵. 2001. 开花启动基因 LEAFY 转化甘蔗的研究[D]. 福州: 福建农林大学硕士学位论文.
李平华, 陈敏, 王宝山. 2002. K^+营养对 NaCl 胁迫下盐地碱蓬生长及叶片液泡膜 V-H^+-ATPase 和 V-H^+-PPase 活性的影响[J]. 植物学报(英文版), 44(4): 433-440.
李世鹏, 刘宏魁, 吴颖, 等. 2018. 一个小麦-大麦 2H 代换易位系的鉴定与解析[J]. 分子植物育种, 16(16): 5329-5332.
李树枝, 张丽君, 郭文华, 等. 2019. 近十几年来我国国土空间开发利用形势分析[J]. 国土资源情报, 10: 3-9.
李文斌, 胡涵, 王昌梅, 等. 2019. 种养结合生态农业模式探析[J]. 现代农业科技, (13): 189-190.
李雪, 裴自友, 温辉芹, 等. 2019. EMS 诱变技术及其在小麦研究中的应用进[J]. 山西农业科学, (6): 1103-1106.
李亚青. 2005. 小麦耐盐相关基因 TaGSK1 的染色体定位及其逆境胁迫下的表达分析[D]. 石家

庄: 河北师范大学硕士学位论文.
李亚青, 毛新国, 赵宝存, 等. 2006. 小麦糖原合成酶激酶基因(*TaGSK1*)的染色体定位[J]. 华北农学报, 21(5): 39-41.
李振声, 穆素梅, 蒋立训, 等. 1982. 蓝粒单体小麦研究(一)[J]. 遗传学报, 9(6): 431-439.
李志辉. 2020. 加强生态农业建设促进靠农业可持续发展[J]. 农家参谋, (2): 10.
梁峥, 骆爱玲. 1995. 甜菜碱和甜菜碱脱氢酶[J]. 植物生理学通讯, 31: 1-8.
刘斌. 2008. 中国野生葡萄 SBP 基因克隆与序列分析[D]. 杨凌: 西北农林科技大学硕士学位论文.
刘成, 杨足君, 冯娟, 等. 2007. 黑麦染色体组中一个新重复序列的发现、定位与应用[J]. 中国农业科学, 40(8): 1587-1593.
刘春宇, 陈元霖, 桂慕燕, 等.1998. 家蚕与蓖麻蚕杂交后代变异机制探讨——基因组 RAPD 检测[J]. 遗传, 20(2): 5-8.
刘慧敏, 刘绿怡, 丁圣彦. 2017. 人类活动对生态系统服务流的影响[J]. 生态学报, 37(10): 3232-3242.
刘佳慧, 梁普平, 时光, 等. 2017. 单碱基基因编辑系统的研究进展[J]. 世界科技研究与发展, (6): 457-462.
刘钦普. 1998. 生态农业类型分级分类初探[J]. 国土与自然资源研究, (1): 20-23.
刘守斌, 唐朝晖, 尤明山, 等. 2003. 簇毛麦基因组特异性 PCR 标记的建立和应用[J]. 遗传学报, 30(4): 350-356.
刘翔. 2014. EMS 诱变技术在植物育种中的研究进展[J]. 激光生物学报, 23(3): 197-201.
刘学, 张志强, 郑军卫, 等. 2014. 关于人类世问题研究的讨论[J]. 地球科学进展, 29(5): 642-649.
刘艳丽, 许海霞, 刘桂珍, 等. 2008. 小麦耐盐性研究进展[J]. 中国农学通报, (11): 202-207.
刘昀, 邓银霞, 郑易之, 等. 2010. 植物耐盐的分子机理研究进展[J]. 安徽农业科学, (12): 25-27: 53.
刘祖洞, 乔守怡, 吴燕华, 等. 2013. 遗传学[M]. 3 版. 北京: 高等教育出版社.
罗绪强, 张桂玲. 2009. 现代生物地球化学研究进展——《地球化学论文集》第 8 卷导读[J]. 贵阳学院学报, 4(1): 23-27.
吕晓东. 2019. 干旱绿洲灌区典型农田温室气体排放及其减排效应[D]. 兰州: 兰州大学博士学位论文.
吕晓英, 吕胜利. 2017. 农业生态环境改善的经济机制[J]. 甘肃社会科学, (5): 214-220.
吕振宇, 牛灵安, 晋珉, 等. 2009. 中国农业生态环境面临的问题与改善对策[J]. 中国农学通报, 25(4): 218-224.
马风勇, 石晓霞, 许兴, 等. 2013. 拟南芥 SOS 基因家族与植物耐盐性研究进展[J]. 中国农学通报, 29(21): 121-125.
马斯霜, 白海波, 惠建, 等. 2019. CRISPR/Cas9 技术及其在水稻和小麦遗传改良中的应用综述[J]. 江苏农业科学, 47(20): 29-33.
秘彩莉, 黄占景, 邵素霞, 等. 2001. 近似等位基因系小麦盐胁迫下叶绿体超微结构的比较研究[J]. 电子显微学报, 20(2): 98-101.
秘彩莉, 沈银柱, 黄占景, 等. 1999. 小麦耐盐突变体的分子生物学鉴定[J]. 遗传, 21(6): 3-5.
秘彩莉, 沈银柱, 黄占景, 等. 2000. 小麦单株耐盐性鉴定的简易方法[J]. 生物技术, 10(4): 46-47.
倪金龙. 2007. HvS/TPK 基因的表达分析及反义 HvS/TPK 基因向小麦易位系 92R137 中的导入[D]. 南京: 南京农业大学硕士学位论文.

聂道泰, 贾旭, 胡适全, 等. 1994. 利用生物化学标记分析鉴定一个抗小麦黄矮病的小麦新种质[J]. 遗传学报, 21(6): 486-473.

欧阳培. 1995. 如何发展我国的生态农业[J]. 吉首大学学报(社会科学版), (2): 26-31.

潘瑞炽, 王小菁, 李娘辉. 2012. 植物生理学[M]. 北京: 高等教育出版社.

裴翠明. 2017. 南方型紫花苜蓿耐盐突变体盐胁迫响应差异基因鉴定与分析[D]. 杭州: 浙江农林大学硕士学位论文.

裴自友, 袁文业, 孙善澄, 等. 2002. 簇毛麦和中间偃麦草 rRNA 基因位点双色荧光原位杂交分析[J]. 华北农学报, 17(1): 6-10.

彭朝华, 毛炎麟. 1989. 小麦成熟胚愈伤组织的诱导和植株再生[J]. 北京农业大学学报, 15(4): 397-402.

亓增军, 刘大钧, 陈佩度, 等. 2001. 利用染色体 C-分带和双色荧光原位杂交技术鉴定普通小麦-黑麦-簇毛麦双重易位系 1RS/1BL, 6VS/6AL[J]. 遗传学报, 28(3): 267-273.

齐志广, 高树领, 王宇宁, 等. 1999. 小麦抗盐突变体的生理学研究[J]. 河北农业科学, 3(4): 12-14.

齐志广, 黄占景, 陈桂平, 等. 2001a. 小麦耐盐突变体及其亲本在生育中后期生理指标的比较研究[J]. 常德师范学院学报, 13(2): 72-74.

齐志广, 黄占景, 沈银柱. 2002. 盐胁迫对小麦耐盐突变体苗期超氧化物歧化酶活性的影响[J]. 河北师范大学学报, 26(4): 406-409.

齐志广, 杨献光, 王洁婧, 等. 2004. 小麦耐盐突变体近等基因系 K^+含量与 SOD 活性相关分析[J]. 华北农学报, 19(2): 1-4.

齐志广, 张爱雨, 孟伟娜, 等. 2001b. 小麦拔节期盐胁迫对小麦近等基因系生理指标的影响[J]. 西北植物学报, 21(6): 180-184.

邱波, 王刚. 2003. 生产力与生物多样性关系研究进展[J]. 生态科学, 22(3): 265-270.

仇燕. 2004. 南方红豆杉细胞紫杉醇代谢调节的研究[D]. 石家庄: 河北师范大学博士学位论文.

任军, 边秀芝, 郭金瑞, 等. 2010. 我国农业面源污染的现状与对策[J]. 吉林农业科学, 35(2): 48-52.

任晓琴, 陈佩度, 刘大钧. 1999. 同工酶分析在鉴定小麦外源染色质方面的应用[J]. 国外农学-麦类作物, 2: 8-10.

萨姆布鲁克, 弗里奇, 曼尼阿蒂斯. 2002. 分子克隆实验指南[M]. 3版. 黄培堂, 王嘉玺, 朱厚础, 等译. 北京: 科学出版社.

单鸿轩, 付畅. 2017. 逆境胁迫下植物 MAPK 级联反应途径研究新进展[J]. 核农学报, 31(4): 680-688.

沈晓蓉, 周淼平, 任丽娟, 等. 1998. 抗、感小麦赤霉病品种 RFLP 的初步分析[J]. 江苏农业学报, (3): 2-7.

沈银柱, 刘植义, 何聪芬, 等. 1997. 诱发小麦花药愈伤组织及其再生植株抗盐性变异的研究[J]. 遗传, 19(6): 7-11.

沈银柱, 刘植义, 张召铎, 等. 1993. 诱发小麦成熟胚愈伤组织及其再生植株抗盐突变体的研究[J]. 遗传学报, 20(3): 253-261.

宋利娜, 张玉铭, 胡春胜, 等. 2013. 华北平原高产农区冬小麦农田土壤温室气体排放及其综合温室效应[J]. 中国生态农业学报, 21(3): 297-307.

孙亚萍. 2009. 籼稻转基因技术体系优化及转甘蔗 pepc 基因后代的遗传学分析[D]. 福州: 福建

农林大学硕士学位论文.

孙英杰, 宋菁, 赵由才. 2011. 土壤污染退化与防治粮食安全, 民之大幸[M]. 北京: 冶金工业出版社: 9.

索广力, 黄占景, 何聪芬, 等. 2001. 利用 RAPD-BSA 技术筛选小麦耐盐突变位点的分子标记[J]. 植物学报, (6): 598-602.

谭淑豪. 2019. 推动现代生态农业发展的政策构想[J]. 人民论坛·学术前沿, (19): 32-40.

田伯红, 孔德平, 王建广, 等. 2008. 航天诱变对农作物的生物学效应及育种成就[J]. 山西农业科学, (4): 14-16.

王爱国, 罗广华, 邵从本, 等. 1983. 大豆种子超氧物歧化酶的研究[J]. 植物生理学报, 1: 77-84.

王宝山, 朱可夫, 邹齐, 等. 1997. 作物耐盐机理研究进展及提高作物抗盐性的对策[J]. 植物学通报, 14(增刊): 25-30.

王翠亭, 黄占景, 何聪芬, 等. 2001. PCR-SSCP 与测序技术相结合检测小麦耐盐突变体[J]. 遗传学报, 28(9): 852-855.

王翠亭, 黄占景, 何聪芬, 等. 2002. 小麦耐盐突变体生化标记的研究[J]. 麦类作物学报, 22(1): 10-13.

王丹蕊, 杜培, 裴自友, 等. 2017. 基于寡核苷酸探针套 painting 的小麦“中国春”非整倍体高清核型及应用[J]. 作物学报, 43(11): 1575-1587.

王二明, 胡含. 1995. 8 个小麦花粉植株染色体组成的生化标记分析[J]. 科学通报, 40(20): 1889-1891.

王关林, 方宏筠. 2002a. 果树基因工程研究进展及展望[J]. 中国果树, 3: 43-47.

王关林, 方宏筠. 2002b. 植物基因工程[M]. 北京: 科学出版社: 360-368.

王关林, 方宏筠, 那杰. 1996. 外源基因在转基因植物中的遗传特性[J]. 遗传, 18 (6): 37-41.

王红玉. 2019. 生态农业在农业经济可持续发展中的作用初探[J]. 农家参谋, (21): 2.

王宏英. 2002. 小麦耐盐突变体突变位点的 SSR 标记定位及其线粒体 DNA 差异的研究[D]. 石家庄: 河北师范大学硕士学位论文.

王宏英, 黄占景, 仇艳光, 等. 2003. 小麦耐盐突变体线粒体 DNA 的 RAPD 分析[J]. 华北农学报, 18(1): 1-4.

王洪刚, 朱军, 刘树兵. 2001. 利用细胞学和 RAPD 技术鉴定抗病小偃麦易位系[J]. 作物学报, 27(6): 886-890.

王敬芳. 2020. 可持续发展视角下我国农业生态与农业经济的协调发展路径探索[J]. 农业开发与装备, (1): 26-27.

王守用. 2009. 大麦 Gsp 基因 SNP 变异及其与籽粒硬度的关联性[D]. 雅安: 四川农业大学硕士学位论文.

王晓雁, 李慧慧, 刘隆, 等. 2015. 土壤环境中几种常量元素的生物地球化学研究进展[J]. 当代化工, 44(8): 2038-2041.

王志东. 2005. 我国辐射诱变育种的现状分析[J]. 同位素, (3): 183-185.

卫波. 2006. 小麦抗旱相关基因 *TaDREB1* 的 SNP 标记开发与定位[D]. 杨凌: 西北农林科技大学硕士学位论文.

文志, 郑华, 欧阳志云. 2020. 生物多样性与生态系统服务关系研究进展[J]. 应用生态学报, 31(1): 340-348.

翁跃进. 1999. 茶淀红麦耐盐基因的 RFLP 分子标记[J]. 河北农业科学, 3(1): 1-5.

吴立柱. 2004. 小麦糖原合成酶激酶(TaGSK1)的亚细胞定位及功能鉴定[D]. 石家庄: 河北师范大学硕士学位论文.

吴立柱, 赵宝存, 齐志广, 等. 2006. 小麦糖原合成酶激酶(TaGSK1)的亚细胞定位及功能鉴定[J]. 中国农业科学, 39(4): 842-847.

吴媛, 张晓科, 刘伟华, 等. 2007. 冰草 P 基因组特异 RAPD 标记的筛选[J]. 西北植物学报, 27(8): 1550-1557.

武东亮, 辛志勇, 陈孝, 等. 1999. 抗黄矮病普通小麦-偃麦草异附加系、异代换系的选育和鉴定[J]. 中国科学, 29(1): 62-67.

武海霞, 陈雅楠, 陈晓娜, 等. 2017. 浅析土壤盐渍化形成原因及防治措施. 内蒙古水利, (5): 50-51.

席景会. 2007. 低温胁迫下拟南芥差异蛋白质组学研究[D]. 长春: 吉林大学博士学位论文.

项慧新, 陈桂平. 2002. 植物抗逆基因分离策略[J]. 唐山师范学院学报, (5): 74-76.

谢启光, 黄占景, 沈银柱. 2001. 基因工程改良小麦品质的研究进展和展望[J]. 河北师范大学学报, (2): 251-255.

熊汉锋, 王运华. 2005. 湿地碳氮磷的生物地球化学循环研究进展[J]. 土壤通报, 2: 240-243.

徐涛, 马闻师, 沈银柱, 等. 2004. 小麦糖原合成酶激酶(TaGSK1)表达载体的构建及原核表达[J]. 中国农业科学, 37(11): 1593-1597.

徐涛. 2003. 小麦耐盐突变体 *TaGSK1* 基因的分离和鉴定[D]. 石家庄: 河北师范大学硕士学位论文.

徐涛. 2006. 小麦(*Triticum aestivum* L.)高分子量麦谷蛋白 *1By15* 和 *1Dx1.5*^{t} 基因高效表达载体的构建及转化研究[D]. 北京: 中国农业科学院博士学位论文.

徐涛, 赵宝存, 葛荣朝, 等. 2006. 利用基因枪法将 *TaGSK1* 基因导入敏盐小麦成熟胚愈伤组织提高其耐盐性的研究[J]. 生物工程学报, 22(2): 211-214.

徐晓莉, 外力·依米提. 2019. 可持续发展视角下我国农业生态与农业经济的协调发展路径选择[J]. 农业经济, (10): 9-11.

徐艳花, 陈锋, 董中东. 2010. EMS 诱变的普通小麦豫农 201 突变体库的构建与初步分析[J]. 麦类作物学报, 30(4): 625-629.

杨飞, 杨世琦, 诸云强, 等. 2013. 中国近 30 年畜禽养殖量及其耕地氮污染负荷分析[J]. 农业工程学报, 29(5): 1-11.

杨靖, 张改生, 牛娜, 等. 2005. 小麦粘类雄性不育系生化标记及小孢子细胞色素氧化酶同工酶研究[J]. 西北植物学报, (8): 1547-1552.

杨立霞. 2005. 小麦糖原合成酶激酶(TaGSK1)的生化特性分析[D]. 石家庄: 河北师范大学硕士学位论文.

杨莉. 2019. 生态农业在农业经济可持续发展中的作用及有效发挥思考[J]. 价值工程, 38(36): 127-128.

杨靓. 2008. 野生大豆渗透胁迫早期应答基因 GsPK、GsLRPK 的筛选及克隆[D]. 哈尔滨: 东北农业大学硕士学位论文.

杨平, Martin A, 戴德哉, 等. 1999. 利用 PCR-SSCP 对人 MINK 基因的研究[J]. 遗传, 5: 14-16.

杨勤忠, 杨佩文, 王群, 等. 2001. 水稻抗病基因同源序列的克隆及测序分析[J]. 中国水稻科学, 15(4): 241-247.

杨秀玲. 2004. NaCl 胁迫对黄瓜种子萌发及幼苗生理特性的影响[D]. 兰州: 甘肃农业大学硕士

学位论文.
姚海军, 曹虹, 郭辉玉. 1996. PCR-SSCP 分析法及其研究进展[J]. 生物技术, 4: 1-4, 17.
姚焕霞. 2020. 浅析生态农业发展农业经济的方法[J]. 山西农经, (4): 108-109.
于法稳. 2019. 新时代生态农业发展亟需解决哪些问题[J]. 人民论坛·学术前沿, (19): 14-23.
余涛. 2004. 植物逆境相关基因的克隆、表达及功能分析[D]. 武汉: 武汉大学博士学位论文.
原亚萍, 陈孝, 肖世和, 等. 2000. 应用基因组原位杂交及 RFLP 标记鉴定小麦中的大麦染色体[J]. 遗传学报, (12): 1080-1083.
苑博华. 2006. 几种试剂对盐胁迫下黄瓜种子萌发及幼苗生长的影响[D]. 保定: 河北大学硕士学位论文.
藏传军, 周萍. 2020. 我国生态农业与农业生态旅游产业链建设研究[J]. 农业与技术, 40(4): 174-175.
詹绍文, 赵雅雯. 2020. 全球生物多样性正在加速丧失[J]. 生态经济, 36(5): 5-8.
张洪江. 2000. 土壤侵蚀原理[M]. 北京: 中国林业出版社.
张洪映, 毛新国, 景蕊莲, 等. 2008. 小麦 TaPK7 基因的单核苷酸多态性与抗旱性的关系[J]. 作物学报, 34(9): 1537-1543.
张建锋, 李吉跃, 宋玉民, 等. 2003. 植物耐盐机制与耐盐植物选育研究进展[J]. 世界林业研究, 16: 16-22.
张开慧. 2014. 分子标记技术及其在小麦育种中的应用[J]. 陕西农业科学, 60(8): 66-69.
张其德. 2001. 盐胁迫对植物及其光合作用的影响(中)[J]. 植物杂志, (1): 28-29.
张胜雯, 王二明, 魏荣萱, 等. 1997. 抗白粉病小麦染色体组型的分子标记与生化标记分析[J]. 遗传学报, 24 (6): 524-530.
张文惠. 2006. 耐盐相关基因 mangrin 和 ZRP4 的克隆、分析与功能研究[D]. 杨凌: 西北农林科技大学博士学位论文.
张晓旭. 2017. 不同集约化栽培模式稻麦轮作系统净碳收支、温室效应及碳足迹研究[D]. 南京: 南京农业大学博士学位论文.
张旭, 臧宇辉, 刘朝晖, 等. 1998. 小麦抗白粉病基因 Pm17 在亲本和 F_2 代抗感集群中的 RAPD 分析[J]. 江苏农学院学报, 19 (2): 67-70.
张绪成. 2020. 当前耕地保护面临的新问题与对策[J]. 国土资源情报, 3: 46-51.
张雪妍. 2007. 亚洲棉(*Gossypium arboreum* L.)石系亚 1 号耐旱相关基因的克隆[D]. 北京: 中国农业科学院硕士学位论文.
张增艳, 辛志勇, 马有志, 等. 1999. 小麦外源抗黄矮病基因的 RFLP 标记分析[J]. 中国农业科学, (4): 47-50, 117.
赵福庚, 孙诚, 刘友良. 2001. 盐胁迫激活大麦幼苗脯氨酸合成的鸟氨酸途径[J]. 植物学报, 43(1): 36-40.
赵晋锋, 余爱丽, 王高鸿, 等. 2011. 植物 CBL/CIPK 网络系统逆境应答研究进展[J], 中国农业科技导报, 13(4): 32-38.
赵可夫. 1993. 植物抗盐生理[M]. 北京: 科学技术出版社: 221-235.
赵林姝, 刘录祥. 2017. 农作物辐射诱变育种研究进展. 激光生物学报, 26(6): 481-489.
赵敏娟. 2019. 中国现代生态农业的理论与实践[J]. 人民论坛·学术前沿, (19): 24-31.
郑粉莉, 王占礼, 杨勤科. 2004. 土壤侵蚀学科发展战略[J]. 水土保持研究, (4): 1-10.
中国气象局气候变化中心. 2019. 中国气候变化蓝皮书(2019)[R]. 中国气象局: 气象公报.

中国水利百科全书编委会. 1992. 中国百科全书-水利卷[M]. 北京: 中国百科全书出版社: 457.
钟涛. 2002. cDNA 末端快速扩增技术新进展[J]. 国外医学(分子生物学分册), (1): 7-11.
周勤, 王爽, 张婷, 等. 2020. 小鼠及猕猴胚胎 MECP2 基因 T158M 单碱基突变体系的建立[J]. 中国生物工程杂志, 40(6): 31-39.
周晓钟. 2008. 我国生态农业发展中存在的问题及对策[J]. 商场现代化, (2): 380-381.
周岩, 薛晓锋, 魏琦超, 等. 2012. 小麦转基因技术研究进展[J]. 生物技术通报, (2): 53-58.
周永, 齐增湘. 2019. 洞庭湖区生态农业发展瓶颈及对策[J]. 安徽农业科学, 47(22): 258-260.
庄增辉. 1973. 突变的分子机制[J]. 科学通报, (5): 15-22.
Adelberg E A, Pittard J. 1962. Chromosome transfer in bacterial conjugation[J]. Bacteriological Reviews, 29(29): 161.
Agarwal P K, Shukla P S, Gupta K, et al. 2013. Bioengineering for salinity tolerance in plants: state of the art[J]. Mol Biotechnol, 54: 102-123.
Ahmad M S A, Ali Q, Ashraf M, et al. 2009. Involvement of polyamines, abscisic acid and anti-oxidative enzymes in adaptation of Blue Panicgrass (*Panicum antidotale* Retz.) to saline environments[J]. Environmental and Experimental Botany, 66(3): 409-417.
Amtmann A, Sanders D. 1998. Mechanisms of Na^+ uptake by plant cells[J]. Adv Bot Res, 29: 76-112.
Anderson C R, Bruil J, Chappell M J, et al. 2019. From transition to domains of transformation: getting to sustainable and Just food systems through agroecology[J]. Sustainability, 11(19): 5272.
Apse M P, Aharon G S, Snedden W A, et al. 1999. Salt tolerance conferred by overexpression of a vacuolar Na^+/H^+ antiporter in *Arabidopsis*[J]. Science, 285: 1256-1258.
Baillo E H, Kimotho R N, Zhang Z, et al. 2019. Transcription factors associated with abiotic and biotic stress tolerance and their potential for crops improvement[J]. Genes, 10(10): 771-793.
Bassil E, Coku A, Blumwald E. 2012. Cellular ion homeostasis: emerging roles of intracellular NHX Na^+/H^+ antiporters in plant growth and development[J]. J Exp Bot, 16: 5727-5740.
Bianchi M W, Guivarc' h D, Thomas M, et al. 1994. *Arabidopsis* homologs of the shaggy and GSK-3 protein kinases: molecular cloning and functional expression in *Escherichia coli*[J]. Molecular and General Genetics, 242: 337-345.
Binzcl M L, Hasegawa P M, Rhodes D, et al. 1987. Solute accumulation in tobacco cells adapted to NaCl[J]. Plant Physiol, 84: 1408-1415.
Bittner T, Campagne S, Neuhaus G, et al. 2013. Identification and characterization of two wheat Glycogen Synthase Kinase 3/ SHAGGY-like kinases[J]. BMC Plant Biology, 13(1): 1-15.
Blumwald E. 2000. Sodium transport and salt tolerance in plants[J]. Curr Opin Cell Biol, 12: 431-434.
Buchanan B B, Gruissem W, Jones R L. 2004. 植物生物化学与分子生物学[M]. 瞿礼嘉, 顾红雅, 白书农, 等译. 北京: 科学出版社: 760-950.
Bundock P C, Henry R J. 2004. Single nucleotide polymorphism, haplotype diversity and recombination in the Isa gene of barley[J]. Theoretical and Applied Genetics, 109(3): 543-551.
Bundock P, Christopher J, Eggler P, et al. 2003. Single nucleotide polymorphisms in cytochrome P450 genes from barley[J]. Theoretical and Applied Genetics, 106(4): 676-682.
Cardi M, Castiglia D, Ferrara M, et al. 2015. The effects of salt stress cause a diversion of basal metabolism in barley roots: possible different roles for glucose-6-phosphate dehydrogenase isoforms[J]. Plant Physiology and Biochemistry, 86: 44-54.
Chen G P, Huang Z J, Ma W S, et al. 2003a. Isolation and characterization of the cDNA fragments of

wheat involved in salt stress[J]. Scientia Agricultura Sinica, 36(9): 996-999.

Chen G P, Ma W S, Huang Z J, et al. 2003b. Isolation and characterization of TaGSK1 involved in wheat salt tolerance[J]. Plant Science, 165: 1369-1375.

Chen J F, Ren Z L, Gao L F, et al. 2005. Developing new SSR markers from EST of wheat[J]. Acta Agronomica Sinica, 31(2): 154-158.

Cheng M, Fry J E, Pang S, et al. 1997. Genetic transformation of wheat mediated by *Agrobacterium tumefaciens*[J]. Plant Physiology, 115: 971-980.

Cheng M, Hu T, Layton J, et al. 2003. Desiccation of plant tissues post-*Agrobacterium* infection enhances T-DNA delivery and increases stable transformation efficiency in wheat[J]. In Vitro Cellular & Developmental Biology, 39: 595-604.

Chenk P W, Snaar-Jagalska B E. 1999. Signal perception and transduction: the role of protein kinases[J]. Biochim Biophys Acta, 1449(1): 1-24.

Chinchilla D, Merchan F, Megias M, et al. 2003. Ankyrin protein kinases: a novel type of plant kinase gene whose expression is induced by osmotic stress[J]. Plant Mol Biol, (4): 555-566.

Christou P, Ford T L, Kofron M. 1991. Production of transgenic rice (*Oryza sativa* L.) plants from agronomically important Indica and Japonica varieties via electric discharge particle acceleration of exogenous DNA into immature zygotic embryos[J]. Nature Biotechnology, 9(10): 957-962.

Christou P. 1988. Habituation in *in vitro* soybean cultures[J]. Plant Physiology, 87(4): 809-812.

Christov N K, Christova P K, Kato H, et al. 2014. TaSK5, an abiotic stress-inducible GSK3/shaggy-like kinase from wheat, confers salt and drought tolerance in transgenic *Arabidopsis*[J]. Plant Physiology and Biochemistry, 84: 251-260.

Cotton R G H. 1997. Mutation Detection[M]. New York: Oxford University Press.

Crutzen P J, Stoermer E F. 2000. The anthropocene[J]. IGBP Newsl, 41: 17-18.

Cunningham K W, Fink G R. 1996. Calcineurin inhibits VCX1-dependent H^+/Ca^{2+} exchange and induces Ca^{2+} ATPases in Saccharomyces cerevisiae[J]. Cell Biol, 16: 2226-2237.

Cushman J C, Bohnert H J. 2000. Genomic approaches to plant stress tolerance[J]. Current Opinion in Plant Biology, 3: 117-124.

David W, Pasquale B, Robert F. 2020. Countries and the global rate of soil erosion[J]. Nature Sustainability, 3(1): 51-55.

Diatchenko L, Lau Y F, Campbell A P, et al. 1996. Suppression subtractive hybridization: a method for generating differentially regulated or tissue. Specific cDNA probes and libraries[J]. PNAS, 93: 6025-6030.

Dietz K J, Rudloff S, Ageorges A, et al. 2003. SuE of the vacuolar H^+-ATPase of *Hordeum vulgare* L.: cDNA cloning, expression and immunological analysis[J]. The Plant Journal, 8(4): 521-529.

Dornelas M C, Lejeune B, Dron M, et al. 1998. The *Arabidopsis* SHAGGY-related protein kinase (ASK) gene family: structure, organization and evolution[J]. Gene, 212: 249-257.

Dubcovsky J, Maria G S, Epstein E. 1996. Mapping of the K^+/Na^+ discrimination locus knal in wheat[J]. Theor Appl Genet, 92(3-4): 448- 454.

Fan W, Zhang M, Zhang H, et al. 2012. Improved tolerance to various abiotic stresses in transgenic sweet potato (*Ipomoea batatas*) expressing spinach betaine aldehyde dehydrogenase[J]. PLOS ONE, 7: e37344.

Feng J, Wang L, Wu Y, et al. 2019. TaSnRK2.9, a sucrose non-fermenting 1-related protein kinase gene, positively regulates plant response to drought and salt stress in transgenic tobacco[J]. Frontiers in Plant Science, 9: 1-17.

Ferreira P G. 1991. The *Arabidopsis* functional homolog of the $P34^{cdc2}$ protein kinase[J]. Plant Cell, 3(5): 531-540.

Feuillet C, Schachermayr G, Keller B. 1997. Molecular cloning of a new receptor-like kinase gene encoded at the Lr10 disease resistance locus of wheat[J]. Plant J, 11: 45-52.

Fraley R T, Rogers S G, Horsch R B, et al. 1983. Expression of bacterial genes in plant cells[J]. Proc Natl Acad Sci USA, 80(15): 4803-4807.

Freeman J, Marquez A, Wallsgrove R M, et al. 1990. Molecular analysis of barley mutants deficient in chloroplast glutamine synthetase[J]. Plant Mol, 14(3): 297-311.

Gale M D, Law C N, Chojicki A J, et al. 1983. Genetic control of α-amylase production in wheat[J]. Theor Appl Genet, 64: 309-316.

Gall J G, Pardue M L. 1969. Formation and detection of RNA ඊNA hybrid molecules in cytological preparation[J]. Proceedings of the National Academy of Sciences, 64(2): 600-604.

Gill B S, Friebe B, Endo T R. 1991. Standard karyotype and nomenclature system for description of chromosome bands and structural aberrations in wheat (*Triticum aestivum*)[J]. Genome, 34: 830-839.

Ginzberg I, Stein H, Kapulnik Y, et al. 1998. Isolation and characterization of two different cDNAs of delta1-pyrroline-5-carboxylate synthase in alfalfa, transcriptionally induced upon salt stress[J]. Plant Mol Biol, 38, 755-764.

Gleeson D, Lelu-Walter M A, Parkinson M. 2005. Overproduction of proline in transgenic hybrid larch (*Larix* × *leptoeuropaea* (Dengler)) cultures renders them tolerant to cold, salt and frost[J]. Molecular Breeding, 15: 21-29.

Hai L P, Kyeong T P, Jeong H L, et al. 1999. An *Arabidopsis* GSK3/shaggy-like gene that complements yeast salt stress-sensitive mutants in induced by NaCl and abscisie acid[J]. Plant Physiol, 119: 1527-1534.

Halfter U, Ishitani M, Zhu J K. 2000. The *Arabidopsis* SOS2 protein kinase physically interacts with and is activated by the calcium binding protein SOS3[J]. Proe Natl Aead Sci USA, 97: 3735-3740.

Hartmann D L, Klein Tank A M G, et al. 2013. Contribution of working group I to the fifth assessment report of the intergovernmental panel on climate change[R]. Climate Change 2013: The Physical Science Basis. Cambridge, New York: Cambridge University Pree: 159-254.

Hiei Y, Ohta S, Komari T, et al. 1994. Efficient transformation of rice (*Oryza sativa* L.) mediated by *Agrobacterium* and sequence analysis of the boundaries of the T-DNA[J]. The Plant Journal, 6(2): 271-282.

Horsch R B, Fry J E, Hoffmann N L, et al. 1985. A simple and general method for transferring genes into plants[J]. Science, 227: 1229-1231.

Hoshida H, Tanaka Y, Hibino T, et al. 2000. Enhanced tolerance to salt stress in transgenic rice that overexpresses chloroplast glutamine synthetase[J]. Plant Molecular Biology, 43(1): 103-111.

Hoshino S, Kimura A, Fukuda Y, et al. 1992. Polymerase chain reaction-single-strand conformation polymorphism analysis of polymorphism in DPA1 and DPB1 genes: a simple, economical, and rapid method for histocompatibility testing[J]. Human Immunology, 33(2): 98-107.

Igarashi Y, Yoshiba Y, Sanada Y, et al. 1997. Characterization of the gene for delta1-pyrroline-5-carboxylate synthetase and correlation between the expression of the gene the salt tolerance in *Oryza sativa* L[J]. Plant Mol Biol, 33: 857-865.

Ishida Y, Saito H, Ohta S, et al. 1996. High efficiency transformation of maize (*Zea mays* L.) mediated by *Agrobacterium tumefaciens*[J]. Nature Biotechnology, 14(6): 745- 750.

Jain P K, Kochhar A, Khurana J P, et al. 1998. The psbO gene for 33-kDa precursor polypeptide of the oxygen-evolving complex in *Arabidopsis* thaliana-nucleotide sequence and control of its expression[J]. DNA Res, 5(4): 221-228.

James P. 1997. Protein identification in the post-genome era: the rapid rise of proteomics[J]. Quarterly Reviews of Biophysics, 30: 279-331.

Jia J Z, Miller T E, Reader S M, et al. 1994. RFLP tagging of a Gene Pm12 for powdery mildew resistance in wheat (*Triticum aestivum*)[J]. Science in China (Series B), 37(5): 531-537.

Jia J Z, Zhang Z B, Devos K, et al. 2001. Diversity of wheat' s twenty-one chromosomes based on RFLP analysis[J]. Sciences in China (series C). 31(1): 13-21.

Jonak C, Heberle-Bors E, Hirt H. 1995. Inflorescence-specific expression of AtK-1, a novel *Arabidopsis thaliana* homologue of shaggy/glycogen synthase kinase-3[J]. Plant Molecular Biology, 27: 217-221.

Kenton A, Parokonny A S, Gleba Y Y. 1993. Characterization of the *Nicotiana tabacum* L. genome by molecular cytogenetics[J]. Molecular and General Genetics, 240(2): 159-169.

Khanna H, Daggard G. 2003. *Agrobacterium tumefaciens*-mediated transformation of wheat using a superbinary vector and a polyamine-supplemented regeneration medium[J]. Plant Cell Reports, 21(5): 429-436.

Khurana J, Chugh A, Khurana P. 2002. Regeneration from mature and immature embryos and transient gene expression via *Agrobacterium*-mediated transformation in emmer wheat (*Triticum dicoccum* Schuble)[J]. Indian Journal of Experimental Biology, 40(11): 1295-1303.

Kirsch M, Zhipng A, Viereck R, et al. 1996. Salt stress induces an increased expression of V-type H^+-ATPase in mature sugar beet leaves[J]. Plant Mol Bio, 32(3): 543-547.

Klein T M, Wolf E D, Wu R, et al. 1987. High-velocity microprojectiles for delivering nucleic acids into living cells[J]. Nature, 327(6117): 70-73.

Kluge C, Golldack D, Dietz K J. 1999. Subunit D of the vacuolar H^+-ATPase of *Arabidopsis thaliana*[J]. Biochimica et Biophysica Acta (BBA) - Biomembranes, 1419(1): 105-110.

Kong X, Pan J, Zhang D, et al. 2013. Identification of mitogen-activated protein kinase kinase gene family and MKK-MAPK interaction network in maize[J]. Biochemical & Biophysical Research Communications, 441(4): 964-969.

Kuma S, Dhingra A, Daniell H. 2004. Plastid-expressed betaine aldehyde dehydrogenase gene in carrot cultured cells, roots, and leaves confers enhanced salt tolerance[J]. Pant Physiol, 136: 2843-2854.

Lang T, Li G, Wang H, et al. 2019. Physical location of tandem repeats in the wheat genome and application for chromosome identification[J]. Planta, 249(3): 663-675.

Lee J H, Montagu M V, Verbruggen N. 1999. A highly conserved kinase is an essential component for stress tolerance in yeast and plant cells[J]. Proc Natl Acad Sci USA, 96: 5873-5877.

Lenk U, Hanke R, Kräft U, et al. 1993. Non-isotopic analysis of single strand conformation polymorphism (SSCP) in the exon 13 region of the human dystrophin gene[J]. Journal of Medical Genetics, 30: 951-954.

Lewis S L, Maslin M A. 2015. Defining the anthropocene[J]. Nature, 519(12): 171-180.

Li J M, Nam K H. 2002. Regulation of brassinosteroid signaling by a GSK/SHAGGY-like kinase[J]. Science, 295: 1297-1301.

Li J, lshitani M, Hairier U, et al. 2000. The *Arabidopsis thaliana* SOS2 gene encodes a protein kinase that is required for salt tolerance[J]. Proc Natl Acad Sci USA, 97: 3730-3734.

Liang P, Pardee A B. 1992. Differential display of eukaryotic messenger RNA by the polymerase chain reaction[J]. Science, 257: 967-971.

Liu C J. 1991. Biochemical Marker Genes in Hexaploid Wheat, *Triticum aestivum*[M]. Cambridge: Doctor Dissertation of St, Edmnd' s College.

Liu H, Xing M, Yang W, et al. 2019. Genome-wide identification of and functional insights into the late embryogenesis abundant (LEA) gene family in bread wheat (*Triticum aestivum*)[J]. Scientific Reports, 9(1): 13375-13385.

Liu Q, Kasuga M, Sakuma A H, et al. 1998. Two transcription factors, DREB1 and DREB2, with an EREBP/AP2 DNA binding domain separate two celluar signal transduction pathways in drought-and low-temperature-responsive gene expression respectively in *Arabidopsis*[J]. Plant Cell, 10: l391-1406.

Liu X W, Gorovsky M A. 1993. Mapping the 5′ and 3′ ends of *Tetrahymena thermophila* mRNA using RNA ligase mediated amplification of cDNA ends (RLM RACE)[J]. Nucleic Acids Res, 21(21): 4954-4960.

Lorz H, Baker B, Schell J. 1985. Gene transfer to cereal cells mediated by protoplast transformation[J]. Molecular and General Genetics, 199 (2): 178-182.

Luo M, Jia J Z. 2000. The progress in projects of expressed sequence tags (EST) in plant genomes[J]. Scientia Agricultura Sinica, 33(6): 110-112.

Ma W S, Chen G P, Shen Y Z, et al. 2004. Isolation and characterization of the wheat cDNA fragments involved in salt stress[J]. Agricultural Sciences in China, 3(3): 173-177.

Market C L, Moller F. 1959. Multiple forms of enzymes: tissue, ontogenetic, and species specific patterns[J]. Proc Natl Acad Sci, 45(5): 753-763.

Martin G B, Brommonschenkel S H, Chunwongse J, et al. 1993. Map based cloning of a protein kinase gene conferring disease resistance in tomato[J]. Science, 262(5138): 1432-1436.

Martínez-Atienza J, Jiang X, Garciadeblas B, et al. 2007. Conservation of the overly sensitive pathway in rice[J]. Plant Physiol, 143: 1001-1012.

McCue K F, Hanson A D. 1992. Salt-inducible betaine aldehyde dehydrogenase from sugar beet: cDNA cloning and expression[J]. Plant Molecular Biology, 18: 1-11.

Mendoza I, Quintero F J, Bressan R A, et al. 1996. Activated calcineurin confers high tolerance to ion stress and alters the budding pattern and cell morphology of yeast cells[J]. J Biol Chem, 271: 23061-23067.

Metternicht G I, Zinck J A. 2003. Remote sensing of soil salinity: potentials and constraints[J]. Remote Sensing of Environment, 85(1): 1-20.

Michaud J, Brody L C, Steel G, et al. 1992. Strand-separating conformational polymorphism analysis: efficacy of detection of point mutations in the human ornithine δ-aminotransferase gene[J]. Genomics, 13(2): 389-394.

Mori A S, Lertzman K P, Gustafsson L. 2017. Biodiversity and ecosystem services in forest ecosystems: a research agenda for applied forest ecology[J]. Journal of Applied Ecology, 54(1): 12-27.

Mukai Y, Friebe B, Hatchett J H, et al. 1993. Molecular cytogenetic analysis of radiation-induced wheat-rye terminal and intercalary chromosomal translocations and the detection of rye chromatin specifying resistance to Hessian fly[J]. Chromosoma, 102: 88-95.

Narasimhan M L, Binzel M L, Perez-Prat E, et al. 1991. NaCl regulation of tonoplast ATPase 70-kilo-dalton submit mRNA in tobacco cells[J]. Plant Physiology, 97(2): 562-568.

Nehra N S, Chibbar R N, Leung N, et al. 1994. Self-fertile transgenic wheat plants regenerated from isolated scutellar tissues following microprojectile bombardment with 2 distinct gene constructs[J]. Plant Journal, 5: 285-297.

Nishimasu H, Shi X, Ishiguro S, et al. 2018. Engineered CRISPR-Cas9 nuclease with expanded targeting space[J]. Science (New York, NY), 361(6408): 1259-1262.

Niu X, Narasimhan M L, Salzman R A, et al. NaCl regulation of olasma membrane H^+-ATPase gene expression in a glycophyte and a halophyte[J]. Plant Physiology, 103: 713-718.

O' Farrell P H. 1975. High resolution two-dimensional electrophoresis of proteins[J]. Journal of Biological Chemistry, 250: 4007-4021.

Olías R, Eljakaoui Z, Li J, et al. 2012. The plasma membrane Na^+/H^+ antiporter SOS1 is essential for salt tolerance in tomato and affects the partitioning of Na^+ between plant organs[J]. Plant Cell Environ, 32: 904-916.

Organization W M. 2019. WMO statement on the State of the global climate in 2018[R].

Orita M, Iwahana H, Kanazawa H, et al. 1989. Detection of polymorphisms of human DNA by gel electrophoresis as singel- stranded conformation polymorphisms[J]. Proc NatlAcad Sci USA, 86: 2766.

Pandey G K, Cheong Y H, Kim B G, et al. 2007. CIPK9: a calcium sensor-interacting protein kinase required for low-potassium tolerance in *Arabidopsis*[J]. Cell Research, 17(5): 411-421.

Pao H L, Pih K T, Lim J H, et al. 1999. An *Arobidopsis* GSK-3/shaggy-like gene that complements yeast salt stress-sensitive mutants is induced by NaCl and abscisic acid[J]. Plant Physiology, 119: 1527-1530.

Pardo J M, Reddy M P, Yang S, et al. 1998. Stress signaling through Ca^{2+}/calmodulin-dependent protein phosphatase calcineurin mediates salt adaptation in plants[J]. Proc Natl Acad Sci USA, 95: 9681-9686.

Payne P I. 1987. Genetics of wheat storage proteins and the effect of allelic variation on bread-making quality[J]. Ann Rev Plant Physiol, 38: 114-153.

Popelka J C, Altpeter F. 2003. *Agrobacterium tumefaciens*-mediated genetic transformation of rye (*Secale cereale* L.)[J]. Molecular Breeding, 11: 203-211.

Qi L L, Echalier B, Chao S, et al. 2004. A chromosome bin map of 16, 000 expressed sequence tag loci and distribution of genes among the three genomes of polyploid wheat[J]. Genetics, 168(2): 701-712.

Racine M F, Bertrand E, Pictet R, et al. 1993. A highly sensitive method for mapping the 5′ terminal of mRNAs[J]. Necleic Acids Res, 21(7): 1683-1684.

Ramezani A, Niazi A, Abolimoghadam A A, et al. 2013. Quantitative expression analysis of TaSOS1 and TaSOS4 genes in cultivated and wild wheat plants under salt stress[J]. Molecular Biotechnology, 53(2): 189-197.

Rubio F, Gassmann W, Schroeder J I. 1995. Sodium-driven potassium uptake by the plant potassium transporter HKT1 and mutations conferring salt tolerance[J]. Science, 270: 1660-1663.

Rudrabhatla P, Rajasekharan R. 2002. Developmentally regulated dual-specificity kinase that is induced by abiotic stresses[J]. Plant Physiol, 130 (1): 380-390.

Rudrabhatla P, Rajasekharan R. 2003. Mutational analysis of stress-responsive peanut dual specificity kinase: identification of tyrosine residues involved in protein kinase activity[J]. J Biol Chem, 278(19): 17328-17335.

Rudrabhatla P, Reddy M M, Rajasekharan R. 2006. Genome-wide analysis and experimentation of plant serine/threonine/tyrosine-specific protein kinases[J]. Plant Mol. Biol, 60 (2): 293-319.

Sambrook J, Fritsch E F, Maniatis T. 1989. Molecular Cloning: A Laboratory Manual[M]. New York: Cold Spring Harbor Laboratory Press.

Sentenac H, Bonneaud N, Minet M, et al. 1992. Cloning and expression in yeast of a plant potassium ion transport system[J]. Science, 256: 663-665.

Serrano R, Kielland-Brandt M C, Fink G R. 1986. Yeast plasma membrane ATPase is essential for growth and has homology with (Na^+ + K^+), K^+- and Ca^{2+}-ATPases[J]. Nature, 319(6055): 689-693.

Sheen J. 1996. Ca^{2+}-dependent protein kinase and stress signal transduction in plant[J]. Science, 274(5294): 1900-1902.

Shen S, Jing Y, Kuang T. 2003. Proteomics approach to identify wound-response related proteins from rice leaf sheath[J]. Proteomics, 3(4): 527-535.

Shi H, Lee B, Wu S J, et al. 2003. Overexpression of a plasma membrane Na^+/H^+ antiporter gene improves salt tolerance in *Arabidopsis thaliana*[J]. Nature Biotechnol, 21: 81-85.

Shi L Y, Li H Q, Pan X P, et al. 2008. Improvement of *Torenia fournieri* salinity tolerance by expression of *Arabidopsis* AtNHX5[J]. Funct Plant Biol, 35: 185-192.

Song W Y, Wang G L, Chen L L, et al. 1995. A receptor kinase-like protein encoded by the rice disease resistance gene *Xa21*[J]. Science, 270(5243): 1804-1806.

Stadler L J. 1928. Genetic effects of X-rays in maize[J]. Proceedings of the National Academy of Sciences, 14(1): 69-75.

Stone J M, Walker J C. 1995. Plant protein kinase families and signal transduction[J]. Plant Physiol, 108(2): 451-457.

Streeter M T, Schilling K E. 2019. Assessing and mitigating the effects of agricultural soil erosion on roadside ditches[J]. Journal of Soils and Sediments, 20(1): 524-534.

Suo J, Zhao Q, David L, et al. 2017. Salinity response in chloroplasts: insights from gene characterization[J]. Int J Mol Sci, 18(5): 1011.

Tanksley S D. 1993. Mapping polygenes[J]. Annu Rev Genet, (27): 205-233.

Tingay S, Mcelroy D, Kalla R, et al. 1997. Agrobacterium tumefaciens-mediated barley transformation[J]. The Plant Journal, 11(6): 1369-1376.

Vasil V, Castillo A, Fromm M E, et al. 1992. Herbicide resistant fertile transgenic wheat plants obtained by microprojectile bombardment of regenerable embryogenic callus[J]. Natural Biotechnology, 10: 667-674.

Vasil V, Srivastava V, Castlllo A M, et al. 1993. Rapid production of transgenic wheat plants by direct bombardment of cultured immature embryos[J]. Natural Biotechnology, 11: 1553-1558.

Verberne M C, Hoekstra J, Bol J F, et al. 2003. Signaling of systemic acquired resistance in tobacco depends on ethylene perception[J]. Plant J, 35: 27-32.

Wang G, Lovato A, Polverari A, et al. 2014. Genome-wide identification and analysis of mitogen activated protein kinase kinase kinase gene family in grapevine (*Vitis vinifera*)[J]. BMC Plant Biology, 14(1): 1-19.

Wang K, Gong Q, Ye X. 2019a. Recent developments and applications of genetic transformation and genome editing technologies in wheat[J]. Theoretical and Applied Genetics. doi. org /10. 1007/s00122-019-03464-4.

Wang L S, Chen Q S, Xin D W, et al. 2018. Overexpression of *GmBIN2*, a soybean glycogen synthase kinase 3 gene, enhances tolerance to salt and drought in transgenic *Arabidopsis* and soybean hairy roots[J]. Journal of Integrative Agriculture, 17(9): 1959-1971.

Wang L X，Qing S, Chen Z, et al. 1998. Detection of disease susceptibility to powdery mildew of wheat by peroxidase isozyme band pi6.1 as biochemical marker during growth season [J]. Developmental & Reproductive Biology, (1): 67-73.

Wang M, Yuan J, Qin L, et al. 2020. TaCYP81D5, one member in a wheat cytochrome P450 gene cluster, confers salinity tolerance via reactive oxygen species scavenging[J]. Plant Biotechnology Journal, 18(3): 791-804.

Wang T T, Li Q Z, Lou S T, et al. 2019b. GSK3/shaggy-like kinase 1 ubiquitously regulates cell growth from *Arabidopsis* to Moso bamboo (*Phyllostachys edulis*)[J]. Plant Science, 283: 290-300.

Wang W, Wang W, Wu Y, et al. 2019c. The involvement of wheat (*Triticum aestivum* L.) U-box E3 ubiquitin ligase TaPUB1 in salt stress tolerance[J]. Journal of Integrative Plant Biology, 62(5): 631-651.

Winzeler M, Winzeler H, Keller B. 1995. Endopeptidase polymorphism and linkage of the Ep-D1c null allele with the Lr19 leaf-rust-resistance gene in hexaploid wheat[J]. Plant Breeding, 114(1): 24-28.

Wrigley C W, Shepherd K W. 1973. Electrofocusing of grain proteins from wheat genotypes[J]. Annals of the New York Academy of Sciences, 209: 154-162.

Wu H, Sparks C, Amoah B, et al. 2003a. Factors influencing successful *Agrobacterium*-mediated genetic transformation of wheat[J]. Plant Cell Reports, 21(7): 659-668.

Wu L Q, Fan Z M, Guo L, et al. 2003b. Over-expression of an *Arabidopsis* δ-OAT gene enhances salt and drought tolerance in transgenic rice[J]. Chinese Science Bulletin, 48(23): 2594-2600.

Wu S J, Ding L, Zhu J K. 1996. SOS1, a genetic locus essential for salt tolerance and potassium acquisition[J]. Plant Cell, 8: 617-627.

Wyn Jones R G, Pollard A. 1983. Proteins, enzymes and inorganic ions[J]. Encyclopedia of Plant Physiology New series, 92: 528-562.

Xia G M, Li Z Y, He C X. 1999. Transgenic plant regeneration from wheat (*Triticum aestivum* L.) mediated by *Agrobacterium tumefaciens*[J]. Acta Phytophysiologica Sinica, 25: 22-28.

Xu T, Ma W S, Shen Y Z, et al. 2004. Construction of *Triticum aestivum* L. glycogen synthase kinase (TaGSK1) expression vector and its prokaryotic expression[J]. Scientia Agricultura Sinica, 37(11): 1593-1597.

Yamaguchi-Shinozaki K, Shinozaki K. 1992. A novel *Arabidopsis* DNA binding protein contains the conserved motif of HMG-box proteins[J]. Nucleic acid Res, 20(24): 6737.

Yamamoto Y, Ishikawa Y, Nakatani E, et al. 1998. Role of an extrinsic 33 kilodalton protein of photosystem II in the turnover of the reaction center-binding protein D1 during photoinhibition[J]. Biochemistry, 37(6): 1565-1574.

Yarra R, Kirti P B. 2019. Expressing class I wheat NHX (TaNHX2) gene in eggplant (*Solanum melongena* L.) improves plant performance under saline condition[J]. Functional & Integrative Genomics, 19(4): 541-554.

Yuan J, Cline K. 1994. Plastocyanin and the 33-kDa subunit of the oxygen-evolving complex are transported into thylakoids with similar requirements as predicted from pathway specificity[J]. Journal of Biological Chemistry, 269(28): 18463-18467.

Zalasiewicz J, Williams M, Smith A, et al. 2008. Are we now living in the anthropocene[J]. GSA Today, 18(2): 4.

Zhang Y, Zhao H, Zhou S, et al. 2018. Expression of TaGF14b, a 14-3-3 adaptor protein gene from wheat, enhances drought and salt tolerance in transgenic tobacco[J]. Planta, 248(1): 117-137.

Zhao Q, Zhao Y J, Zhao B C, et al. 2009. Cloning and functional analysis of wheat V-H^+-ATPase subunit genes[J]. Plant Molecular Biology, 69(1-2): 33-46.

Zhao Z Y, Cai T, Taglini L, et al. 2000. *Agrobacterium*-mediated sorghum transformation[J]. Plant Molecular Biology, 44: 789-798.

Zheng M, Liu X, Lin J, et al. 2019. Histone acetyltransferase GCN5 contributes to cell wall integrity and salt stress tolerance by altering the expression of cellulose synthesis genes[J]. The Plant Journal, 97(3): 587-602.

Zhong G Y, Dvorak J. 1995. Chromosomal control of the tolerance of gradually and suddenly imposed salt stress in the *Lophopyrum elongatum* and wheat, *Triticum aestivum* L. genomes[J].

Theor Appl Genet, 90(2): 229-236.

Zhong Z, Sretenovic S, Ren Q, et al. 2019. Improving plant genome editing with high-fidelity xCas9 and non-canonical PAM-targeting Cas9-NG[J]. Molecular Plant, 12(7): 1027-1036.

Zhou Y, Li Y M, Xu C C. 2019. Land consolidation and rural revitalization in China: mechanisms and paths[J]. Land Use Policy, 91: 104379.

Zhu J K, Liu J, Xiong L. 1998. Genetic analysis of salt tolerance in *Arabidopsis*: evidence for a critical role of potassium nutrition[J]. The Plant Cell, 10: 1181-1191.

图　版

小麦单核中期的花药
（沈银柱等，1997）

小麦耐盐突变品系的耐盐性盐池鉴定
（沈银柱等，1997）

在含盐分化培养基上产生的
耐盐再生植株（沈银柱等，1997）

加倍后的耐盐再生植株（一般土壤）
（沈银柱等，1997）

RH8706-49　石86-5094×RH8706-49　RH8706-49×石86-5094　石86-5094　CK科遗26

小麦耐盐突变体耐盐性的遗传分析（沈银柱等，1997）

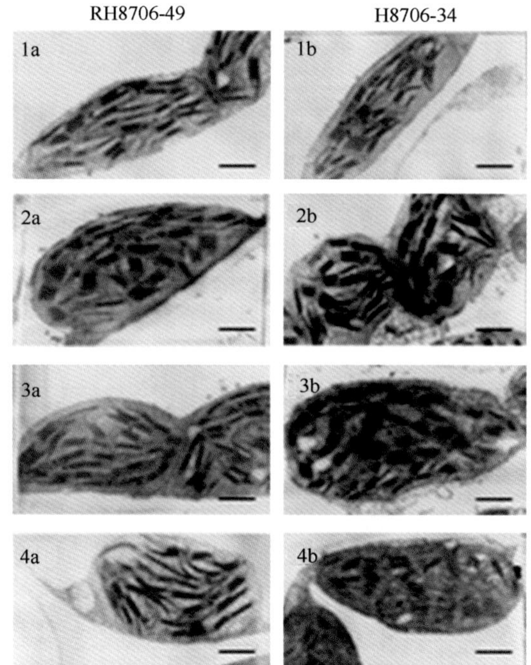

RH8706-49 和 H8706-34 在盐胁迫前、后及盐胁迫解除后叶绿体超微结构的变化（秘彩莉等，2001）

1. 对照（未经盐处理），2～4. 盐胁迫 36 h、48 h 和 60 h 后再移到 Hoagland 培养液中培养 36 h（标尺=1 μm）

YP18

M2 M3 M4 M5 M6

1 2 3 4 1 2 3 4 1 2 3 4 1 2 3 4 1 2 3 4

一个典型的 cDNA-AFLP 选扩结果（Chen et al.，2003a）

1. SR，清水处理；2. SR，1% NaCl 处理；3. SS，清水处理；4. SS，1% NaCl 处理

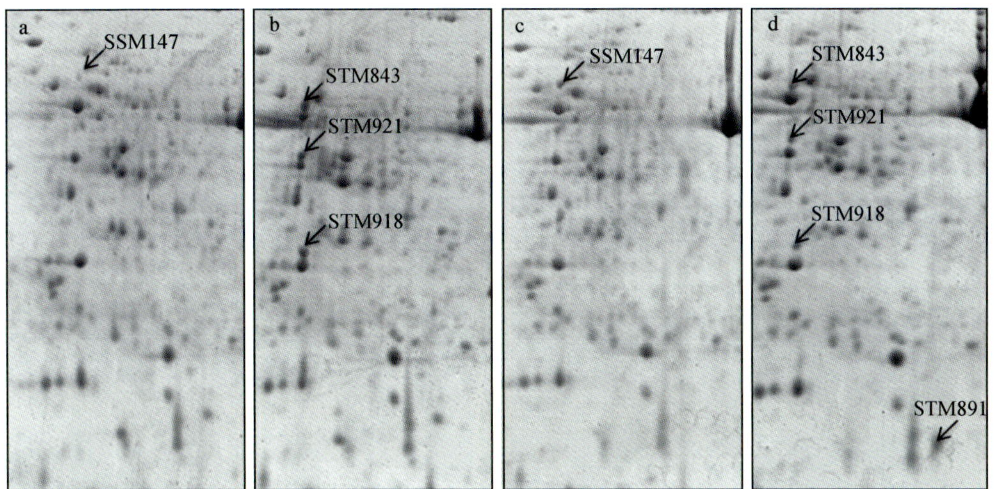

叶片总蛋白质双向电泳部分差异蛋白质点放大图（霍晨敏等，2004）

（a）敏盐突变体对照组；（b）耐盐突变体对照组；（c）敏盐突变体实验组；（d）耐盐突变体实验组

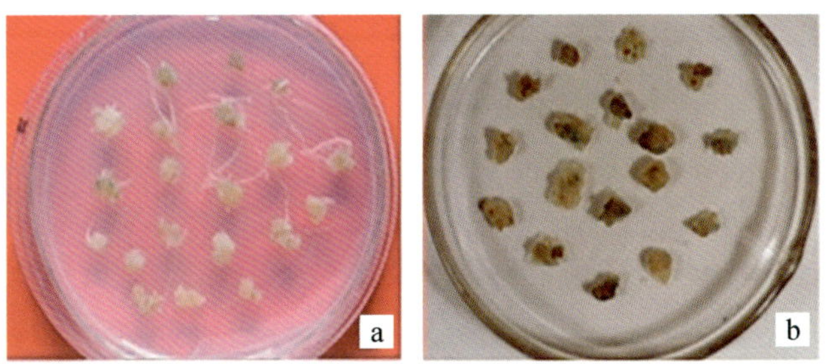

愈伤组织在含盐培养基上的筛选和分化（徐涛等，2006）

（a）转基因耐盐愈伤组织；（b）不耐盐愈伤组织（阴性对照）

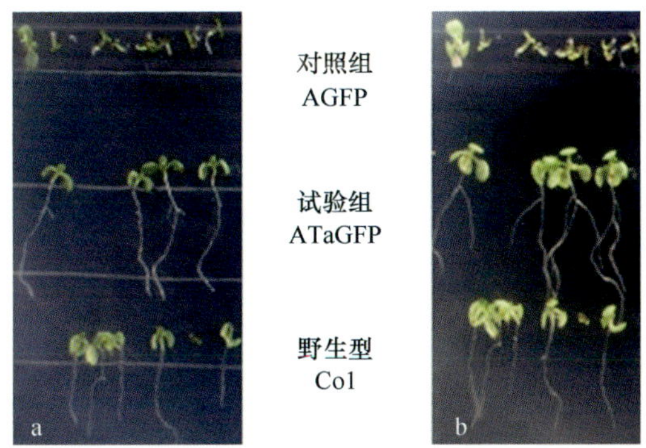

转基因拟南芥主根和侧根的生长观察（吴立柱等，2006）

（a）70 mmol/L NaCl 胁迫 7 d 后主根生长量；（b）70 mmol/L NaCl 胁迫 9 d 后侧根生长数量

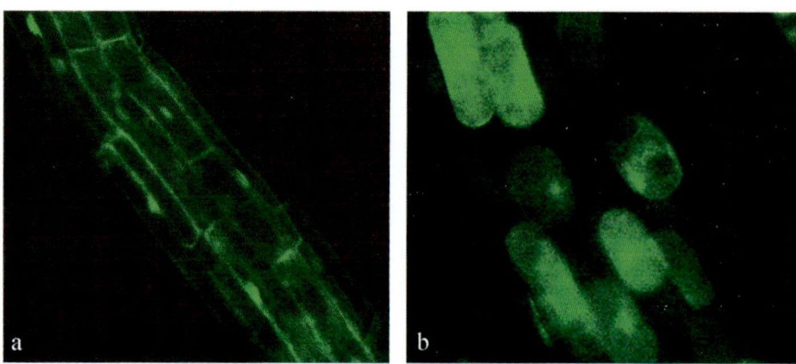

4 日龄转 *GFP* 基因拟南芥根部细胞的质壁分离实验（吴立柱等，2006）

（a）拟南芥根部细胞质壁分离前的荧光图；（b）拟南芥根部细胞质壁分离后的荧光图（质壁分离液：1.3 mol/L 蔗糖）

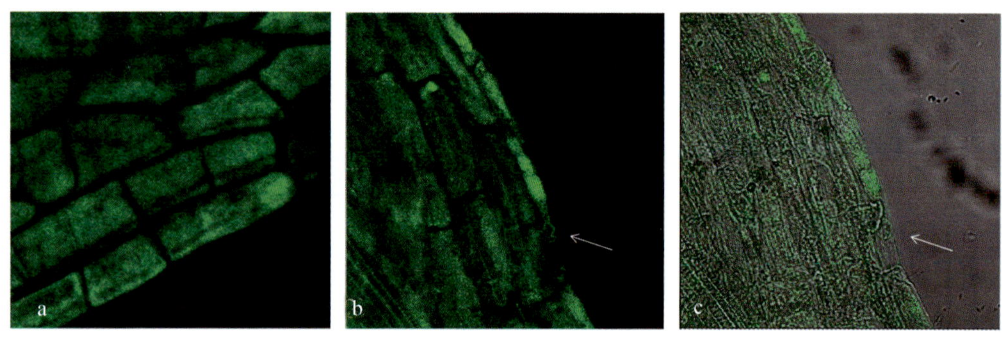

6 日龄转 *TaGSK1-GFP* 基因拟南芥根部细胞的质壁分离实验（吴立柱等，2006）

（a）拟南芥根部细胞质壁分离前的荧光图（b）拟南芥根部细胞质壁分离后的荧光图（箭头所指为发生质壁分离的细胞）；（c）拟南芥根部细胞质壁分离后荧光图与细胞投射图的叠加效果图（质壁分离液：2.0 mol/L 蔗糖）

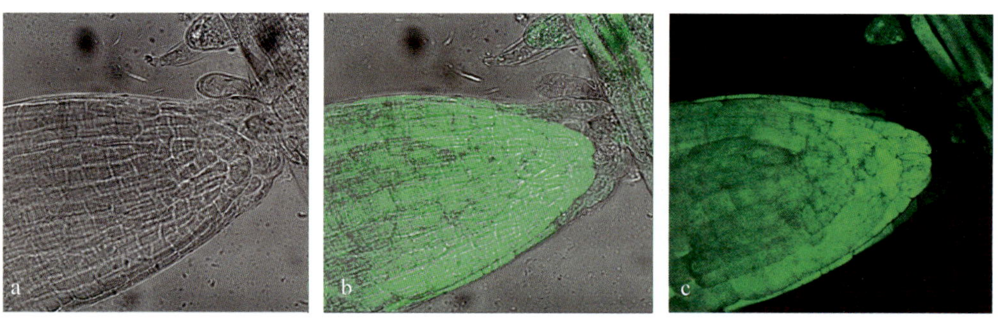

转 *TaGSK1-GFP* 基因拟南芥根尖细胞的荧光观察（吴立柱等，2006）

（a）根尖细胞的透射图；（b）根尖细胞荧光图和透射图的叠加效果图；（c）根尖细胞的荧光图

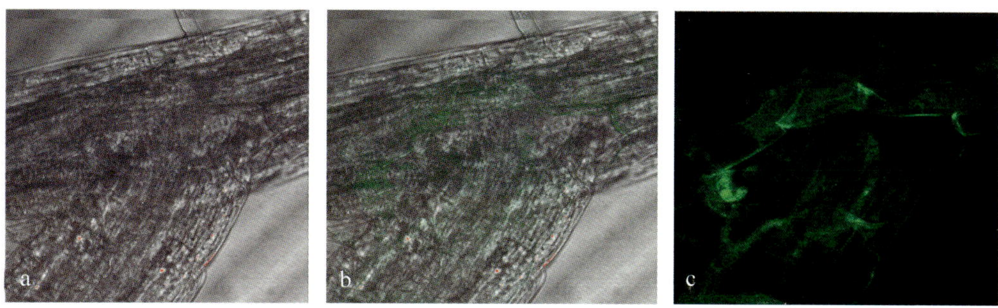

转 *TaGSK1-GFP* 基因拟南芥侧根基部细胞的荧光观察（吴立柱等，2006）

（a）侧根基部细胞的透射图；（b）侧根基部细胞荧光图和透射图的叠加效果图；（c）侧根基部细胞的荧光图

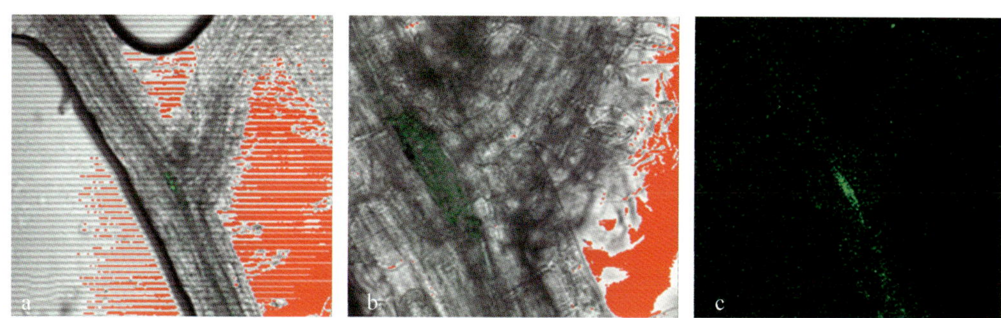

转 *TaGSK1-GFP* 基因拟南芥与侧根发生有关的中柱鞘细胞的荧光观察（吴立柱等，2006）

（a）中柱鞘细胞的透射图；（b）中柱鞘细胞荧光图和透射图的叠加效果图；（c）中柱鞘细胞的荧光图

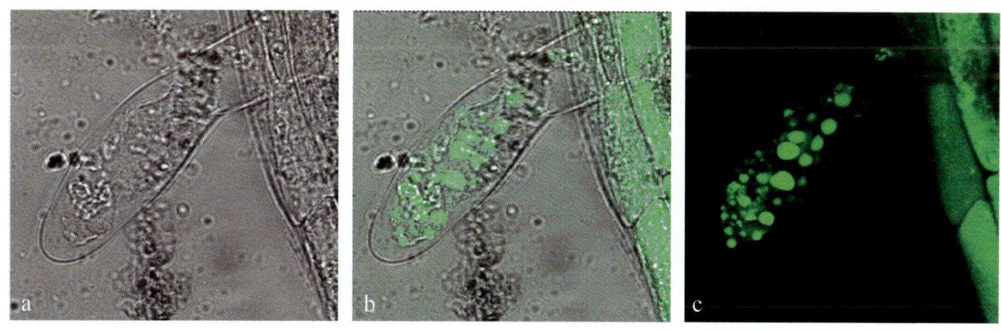

转 *TaGSK1-GFP* 基因拟南芥根毛细胞的荧光观察（吴立柱等，2006）

（a）根毛细胞的透射图；（b）根毛细胞荧光图和透射图的叠加效果图；（c）根毛细胞的荧光图

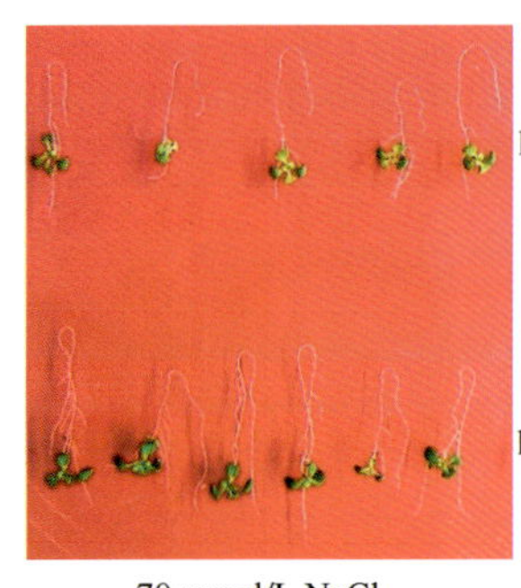

p1300

p1300-*TaSTK*

70 mmol/L NaCl

p1300

p1300-*TaSTK*

120 mmol/L NaCl

在含盐培养基上转基因拟南芥根的生长情况（葛荣朝等，2007）

师沧 8901-17 生产示范田
（沈银柱摄，2002 年）

耐盐品系在盐池中能够正常结实
（沈银柱摄，2002 年）

筛选获得的耐盐品系（沈银柱摄，2002 年）

沧州市农林科学院专家对耐盐品系进行
田间考察（沈银柱摄，2002 年）